BLUESTORM

PINK

BLUESTORM

BLUESTORM

BLUESTORM

ZOOM

ZOOM

実録、世界を釣る女

VERIT·ABLE RECORDS
WOMAN FISHING THE WORLD

マルコス
marucos

KADOKAWA

第1章

ゴールデンマハシールとの激闘

第2章

怪魚ハンターの原点

第3章 旅する怪魚ハンターの誕生

第4章 怪魚ハンター、アマゾン川に挑む！

第5章 やっぱり釣り旅は最高！

第6章 怪魚ハンター、釣りの流儀

第7章
釣りと動画配信とマルコスと

第8章 家族も釣りも大好きで

第 1 章

ゴールデンマハシールとの激闘

テレビ密着取材でネパールへ

２０１９年――。

かねてより憧れていたブラジル・アマゾン川への釣り旅から帰ってきてからも、私は海外での怪魚釣りを続けていた。帰国早々、すぐにカナダに行き、続いて台湾を訪れた。

そしてその後、私の怪魚釣り人生を変えるような大きな出来事が起きる。なんとフジテレビの『ハンターガール』という特別番組のスタッフから、怪魚ハンターとしての活動を密着取材したいとの依頼が届くのだ。聞けば、２０２０年1月の放送予定に間に合わせたいらしい。

（キターーー！）

いよいよ私にも、怪魚ハンターとして海外ロケデビューするときがやってきたんだと思った。こうしたことを予想していなかったと言ったら、ウソになる。初めてマレーシアへ怪魚釣りをしに行ったとき、『釣りビジョン』というテレビ番組に「1人で怪魚を釣りに行くから密着撮影してほしい」という旨の売り込みメールを送った経験があったのだ。もちろん、どこの誰かもわからない釣りガールなんて相手にされるわけもなかったけど(笑)。

番組の取材で出掛けることとなれば、自分で資金の調達をする必要はない。旅費の工面にはいつも苦労していたので、番組からの依頼は本当にありがたかった。

オファーを快諾したあと、世界のどんな怪魚を狙おうかと考えた結果、私が選んだのはネパールに生息するゴールデンマハシールだった。名前のとおり、金色に輝く鱗で体が覆われているのが特徴のコイ科の魚だ。ヒマラヤ水系でしか見られない神の魚と呼ばれ、現地の記録では大きいもので体長２８０センチにまで成長したものもいるという。

このゴールデンマハシールを狙う10日間の旅を企画すると、その様子を密着取材してもらうことになったのだ。

ネパールの首都カトマンズに到着したあとは、都市部を離れて車で2時間ほど走り、さらにジャングルのなかを約2時間進んで釣り場を目指した。

ジャングルのなかには、トラやゾウ、サイ、シカなどの野生動物がたくさん生息しているのが見える。

その光景を眺めながら、現地のガイドが「数週間前、友人がここでトラに食べられたんだよ」とやたらと物騒なことを話してくる。

怪魚を仕留める前にこちらがトラのエサになってしまったら、シャレにならない。私たちは、獣が寄り付かないように焚き火をおこし、そのうえでテントを張って野宿をすることにした。

翌朝、「ガルルルル」という何かの鳴き声で目を覚ました。

数時間後、ガイドが私を呼ぶ。

「ここで今朝トラが寝ていた跡がある。ほら、足跡がついてるぞ」

視線を落とすと、そこには見たこともないような大きな足跡がくっきりとついていた。

テントからは10mほどしか離れていない。私が今朝聞いたあの鳴き声は絶対にトラだったんだと確信する。野宿をする予定の私たちは、釣り以前にそれらの野生動物に襲われないように気を付けながら旅を続けるという過酷な状況に置かれた。

釣ればすぐに野宿を止め、首都カトマンズに戻ることができる。ところが、そう簡単に釣れるような魚ではない。

到着の前日まで、釣り場の周辺では大雨が降り続いていた。

釣り場の川は、ガンジス川の上流域にあたり、川幅がやたらと広い大河だった。しかも前日までの大雨のせいで、濁流と言っていいくらい荒れている。

（こんなところで私、釣りするん？）

川を見てすぐに、絶望した。釣りができるような川のコンディションではなかったのだ。

今までこんな大河で釣りをしたことはなく、情けないことに釣り方もわからない。

ブラジルから帰って来てすでに半年が経過し、私の釣り歴はさらに長くなっていた。しかし、それでも釣りを始めてたったの2年半しか経っていない。色々なところに行ったとはいえ経験はまだ浅く、新たなフィールドを訪れるたびに、初めてのシチュエーションに遭遇するという状況だ。

普段は澄んでいる川の水は、大雨のせいで濁流になっている。

（果たして、こんな状況でゴールデンマハシールは釣れるのか……？）

頭のなかで「？」マークが勢いよく渦巻いている。当然ながら、初日からめちゃくちゃ苦戦した。

最終日に起きた奇跡

その後、目的の魚は4日間釣れなかった。私は1日十数時間以上、激流のなかを無心でルアーをしゃくり続け（竿をあおり、疑似餌を生きたエサのように見せかけ続け）、肩が上がらなくなるほどまでに自分の体を酷使した。しかし、魚からの反応はまったく得られなかった。

（もうだめちゃうかな……）

完全なあきらめモードになりながら、最終日の5日目の朝を迎えた。幸い、日が経つにつれて川の濁りもとれ、最終日にはほぼ通常どおりの透明度を取り戻しつつあった。

釣れても釣れなくても、本日中にカトマンズに戻り、翌日は日本に向けて出発する。

このままでは、私の初海外密着が結果を出せないまま終わってしまう。

なんとか1尾でいいから魚をキャッチしたい。

怪魚ハンターマルコスとしての意地を見せつけてやるんだから！　と涙を浮かべながらキャスト（竿を振って、仕掛けやルアーなどを投げ込むこと）をし続けた。

するとそのとき、奇跡が起きた。これまでと同じようにしゃくっていたルアーを、突然、魚が引ったくっていったのだ。ようやく訪れたチャンスに、竿を握る手が一瞬にして汗ばんだ。絶対にバラす（針にかかった魚を取り逃がす）わけにはいかない。「落ち着け、落ち着け」、そう自分に言い聞かせながら慎重にやり取りを図る。

それでも、傍から見ると、かなり興奮しているのが伝わっていたと思う。取り乱していた私は、きれいにランディングする（魚をネットなどで取り込む）余裕もなく、水面に浮かんでいた魚を抱きかかえるようにキャッチした。

釣り上げた獲物は、体長1メートルほどの正真正銘のゴールデンマハシール。制限時間ギリギリで目標が達成できたとき、なぜだかわからないけど、ブルブル

と手が震えていた。

こうして初めての「怪魚釣り密着取材」は成功裏に幕を閉じた。

今回テレビ局から声を掛けてもらって一番嬉しかったのは、私を「怪魚ハンター」として認知している人がいるという事実がわかったことだ。

マレーシアにトーマンを釣りに行って以来、私はずっと怪魚を追い続けてきた。そのことを初めて他人から認められたような気がして嬉しかったのだ。

(とうとう自他ともに認める『怪魚ハンター』になったんや)

私をそんな気分にさせてくれたネパールでの密着取材だった。

海外での釣り旅がやめられない理由

海外に釣りに行くたびに、いつも何かしらの発見がある。例えば、現地特有の釣り方に出合えるのもそうした発見の1つだ。

テキサスにアリゲーターガーを釣りに行ったときは、コイの切り身をエサにして釣ることを初めて知った。オクラホマでヘラチョウザメを狙ったときはトローリングという馴染みのない釣法と出合い、カナダにサーモンを釣りに行ったときはイクラをエサにしているのに驚いた。どこに行っても、その土地独特の釣り方があるものなのだ。

冒頭で触れたゴールデンマハシールの釣り方も変わっていた。この魚はとても元気で、ルアーに食らいつくと激流の中を猛スピードで走る。そのため、魚がかかると岸に立ったままファイトするのはかなり困難になる。そこで、魚がかかると用意しておいたボートにすぐさま乗り込み、自ら魚に引っ張られるようにして下流のほうに流されながら、魚に接近して釣り上げるという斬新なスタイルをとる。よって、魚がかかったあとのイメージトレーニングを事前にしておくことが欠かせない。

スムーズにできなければ一瞬にしてラインブレイク（魚とのファイト中などに釣り糸が切れること）されてしまうのだ。

私が釣り上げたときも、いきなりルアーに食いついてきたと思ったら、勢いよく走り出した。

その瞬間、現地のガイドが小さなゴムボートを出してきて、「早く乗れ！」と言う。促されるまま、私はロッドを持ったままボートに飛び乗ると、濁流のなかに飲み込まれていった。その後もゴールデンマハシールにボートを引っ張られながらファイトを続け、タイミングを見計らってボートの上でハンドランディングしたのだ。

魚にボートを引っ張られながら釣り上げる経験なんてそれまで一度もしたことがなく、めちゃくちゃ面白かった。こういう発見が毎回のようにあるから、海外での釣行はやめられない。

コロナと釣り

2019年の暮れにネパールに行き、年が明けると、私はすぐにタイに行った。ところが、タイに行っている間に、新型コロナウイルスの蔓延が始まる。本当は、タイのあとにはほかの東南アジアの国々を回る予定だったが、東南アジアでも日本でも日に日に状況が深刻化し、不安は増す一方だった。家族からも「この先、どうなるかわからないから、早く帰っておいで」という連絡が届く。私自身も「これは1回帰らな、あかんかも」と思うようになり、2020年1月、予定を切り上げて日本に帰ってきたのだ。このときはまだ、当分の間海外に行けなくなるとは思ってもいなかった。

コロナによってこんなにも長い期間にわたって海外に行きづらくなってしまったのは残念なことだ。しかし、これがまた、釣り人としての転機を迎える大きなきっかけにもなった。

私は、2017年にバス釣りを始め、それから日本全国バス釣りの旅、マレーシア、アメリカ、カナダ、台湾、ブラジル、ネパール、タイ、メキシコと、たくさんの土地に足を運んで釣りをしてきた。

落ち着いてじっくり考えてみると、がむしゃらに怪魚釣りに励んでいた1年半だったと言える。思えば、あまりにもぶっ飛んだ釣りばかりだった。それはそれでとても楽しかったが、同時に私は釣り人としてちょっとした〝負い目〟のようなものも感じていた。なぜなら、基本的な釣りというものをしたことがなかったからだ。例えば、サビキ釣り（擬餌針が付いた仕掛けと魚をおびき寄せるまき餌を入れたカゴを連結させたもので魚を釣る方法）や堤防から小物を釣るといったことをまったくしてこなかった。

事実、私はそれまでに大衆魚であるアジさえも釣ったことがなかった。そもそも、近場の堤防で気軽にできる釣りに興味がなかったのだ。

だが、コロナによる足止めが、私の姿勢を変えた。

（もっと釣りのことをちゃんと勉強しようかな）

そんな心境になったのだ。

新型コロナ禍がきっかけで釣りの面白さを再発見

だからと言って、机に向かって勉強しようと思ったわけではない。そうではなく、家の近くの海に行って、アジ釣りやタコ釣りに挑戦し始めたのだ。

さっそくやってみると、これが意外と面白くハマってしまう。

それまでは、どこかに気負いがあって、「どうせなら怪魚を釣りたい」「見た目が派手な魚じゃないと意味がない」という感覚が強かった。誰も行かないようなところに行って、冒険をしてみたいという気持ちもあった。

ところが、近場で普通に釣りをするだけでも、十分すぎるくらい面白いことがわかったのだ。

そのときに実感したのが、釣りっていうのは人間が潜在的に持っている狩猟本能をくすぐるんだなということだ。

「生きているものを獲る」という行為自体が、単純に自分を喜ばせてくれる。これは大きな発見だった。

(怪魚じゃなくても、普通に面白いわぁ)

それまで以上に釣りが好きになっていくのを私は感じた。

仮にコロナの蔓延がなかったら、私は相変わらず世界を駆け巡り、「怪魚ハンター」の道だけを突き進んでいたことだろう。おそらく、今も変わらず〝とがった釣り〟をしていたと思う。

しかし、新型コロナ禍で一度ブレーキを踏めたことで、釣り全体を基礎的にとらえ直すことができた。おかげでいい機会が与えられたと思うようになった。

日本国内に留まっている間、釣りの基礎をしっかりと経験してきたので、再び怪魚釣りに臨む際にはこれまでとは違う対応ができるだろう。何の勉強もなしに、勢いだけで出掛けて行き、場当たり的にやり過ごしてきたが、これからは経験に裏打ちされたアプローチが可能になる。コロナが引き起こした状況はとても憎いが、自分の釣り人生において必要な期間だったのだ。

インドア派だった私を変えた釣り

国内での釣りの楽しみ方に目覚めた私だが、世界各地の秘境での冒険的な釣りに対する情熱は少しも失われてはいない。特に今考えているのは、アフリカ大陸に行きたいということだ。

まずは南アフリカの自然豊かな秘境を訪れ、これまで見たこともない魚を釣る計画を密かに立てている。

タンザニアに行ってビクトリア湖のナイルパーチを狙うのも夢だ。

ビクトリア湖畔では、ライオンやカバなどの野生動物が人を襲ってくる危険があるので、釣りをする際には護衛のために現地のハンターを雇う必要があるそうだ。

私が釣りをしているすぐ後ろで、銃を抱えたハンターが見張りをしている……。そんな光景を想像するだけで、早くもドキドキして興奮してくる。

リスクを冒さないと行けないような場所を訪れるのが、私はたまらなく好きなのだ。日本にいるときの私は、グーグルマップで世界中の様子を眺めながら、「ここに行ったら、スリルがあって面白そう」「この湖には絶対に怪魚が潜んでいる」などと考え、いつも次の旅のことを考えている。

それにしても、不思議だなと思うばかりだ。

私は元々、アウトドア派ではなかった。どちらかというと、家のなかにいるほうが好きだったし、釣りなんてしたこともなかった。子どものころ、家の近所を探検しようなんてちっとも思わなかった。ザリガニ釣りに行くようなこともなく、虫も大の苦手だった。それが釣りを始めてから、一気に嗜好が変わってしまった。

ただ言えるのは、生き物が好きだということ。魚を飼育するのも好きだったし、イヌやアヒル、モモンガなども飼ったことがある。

魚釣りに出掛けることはなかったけど、生き物は昔から大好きだった。

それを思うと、生き物を実際に自分の力で捕まえてみたいという気持ちは昔から私のなかに潜んでいたのかもしれない。それが釣りをきっかけにして一気に表に出てきたのだろう。そうした一面を自分の奥底から見つけ出すことができ、今はとても幸せに感じている。

第2章

怪魚ハンターの原点

SVC-662M/CAT

私はれっきとした元会社員

「マルコスって、元々、何をやってた人？」

テレビやYouTubeを見て、私にたどり着いた方たちのなかには、こんな疑問を持っている人もいるだろう。

怪魚ハンターとしてのマルコスは知っていても、〝マルコス〟になるまでに私がたどった道のりについては、いまだに不明のままかもしれない。

実際、YouTubeの動画でも詳しく話したことが一度もないため〝私の過去〟は相変わらず謎のままではないだろうか。

では、人様に自慢できるような経歴があるのか？　こう問われても、さして立派なものがあるわけではないのが悲しい……。

とはいえ、縁あって本書を手に取っていただいたのだから、これまで語ることのなかった「世界中の怪魚を釣りまわる女　マルコス」が誕生するまでのエピソードを少し語ってみようと思う。

こう言うと驚くかもしれないが、私は以前、会社員をしていた。今になって振り返ってみると、自分でも会社員をしていたなんてちょっと信じられないくらいだ。

高校を卒業した私は「進学するなら、授業の時間が短く、早く帰れる学校がいい」という超適当な理由で、ブライダル専門学校に入学した。ところが、わずか3カ月ほど通っただけでその学校を自主退学してしまうのだ。

早々に専門学校を辞め、フリーターになった私は、母が営むパン屋で手伝いを始めた。そこでしばらく働かせてもらったあと、近所のアパレル関連の会社に就職したのだ。

私が就職したその会社は、何と言ってもユニークさが突出していた。そのユニークさは、社長のキャラクターにすべて起因するものだった。とにかく個性があふれ出る人だったのだ。

しかし、私が就職してから2年ほどで、会社は経営危機に追い込まれる。

あるとき、社員全員が社長に呼び出されると、会社の経営的に皆に給料を渡すのが困難だと告げられ、「それでも僕についてきてくれる〝ツワモノ〟は残れ、ついていけないという者は会社を去ってくれ」と言われたのだ。決断を迫られるなかで、社長に恩を感じていた私は、自主的な気持ちで会社に残ることを選んだ。私だけでなく、ほかの社員たちも皆、会社に残ると決めたようだった。

世間一般の社長なら、ここで一念発起して本業を立て直そうとするだろう。ところが、個性の塊のような社長は、あろうことか「社員全員でバンドを結成して、音楽で会社を立て直そう！」と言い出した。

「これからは音楽で世界を切り開いていこう！　その第一歩として、まずはバンドだ！」

もちろん、私たち社員は「え～!?　何それ～？」といった反応だった。

しかし、社長についていく道を選んだ私たちは、言われるがままにバンドを組むことになるのだ。

社長のとんでもない命令に戸惑いながらも誰一人として会社を辞めなかったことを考えると、私たち社員もそれなりに風変わりだったのかもしれない。

マルコス、ステージの上で熱唱する！

バンドを組むと言っても、音楽なんてやった経験はこれっぽっちもない。にもかかわらず、「じゃあ、ボーカルやってね」と告げられて、私はボーカルになってしまう。大勢の人の前で歌ったことはないし、もちろん、楽器もできなければ、音符も読めないド素人の私が、いきなりボーカル⁉　ホント、どうかしているとしか思えない。それでも社長の勢いにつられてやる気づいて、ボーカルを担当することになる。

救いだったのは、メンバーのうちの3人が音楽経験者だったことだ。彼らが音楽的な部分で軸となり、社長自らがＤＪ、私を含めた女子社員4人が前に出て、ボーカルを務めるという体制を組んだ。

ギターとキーボードなどの経験者を頼りにしつつ、ボーカルの私たちとＤＪの社長が力を合わせたおかげでどうにかバンドの体裁は保てていたと思う。

社長は何に対しても、すぐに「これだ！」と言って猪突猛進するタイプの人だ。おかげで、まだ持ち曲もないのにバンドが結成されると、すぐに「ライブをやるぞ！」と言い出した。何かに急に取りつかれてしまったのだろうか。ひどく前のめりになっているのが手にとるようにわかった。

ところが、いつしか社長が発する異様な熱がメンバーたちにも乗り移り、熱に浮かされるかのような状態で私たちは自らの手で作詞作曲をし、オリジナルソングを作り出していく。その間ずっと、「よくわからないうちにバンド活動に全力を傾けている」というのが私の感覚だった。

気が付けば、実に不思議な一体感が私たちを包み込んでいた。

そしてバンド結成から約2週間後……。ライブハウスでの初舞台の日が決まると、その夜、私はステージの中央に立ち、マイクを握りしめて熱唱していた。

うなぎのぼりの人気

ライブハウスでのデビューを果たしたまでは順調だったものの、やはり私たちは単なる素人の集まりだった。初ライブ以降、バンド活動は軌道に乗らないまま、時間だけが過ぎていった。

ライブをしてもお客さんがまったく入ってくれず、身内の人が3、4人見に来てくれるという感じだった。まさに売れないバンドの典型的なパターンだ。

そんな状況が数カ月間も続くうちに、私たちは集客について真剣に考えるようになる。とはいえ集客のプロではないので、SNSを使ってライブの告知をするなどの平凡な方法に頼るしかない。

ところが、SNSでの発信やライブ活動をあきらめずに地道に続けているうちに、少しずつ風向きが変わっていく。なんとお客さんがみるみるうちに増えていき、次第に「ファンです！」という人が出てきたのだ。

このときに利用していたツイキャスがのちにマルコスとして活動する際に大いに役立つのだが、このときはまだ、そんなことになるとは知る由もなかった。

バンドの生配信は、予想を上回るほどの好評を博し、ライブハウスにもお客さんがどんどん来てくれるようになる。

こんな私にファンができるなんて、当時はホントに信じられなかった。その現象は自分の理解を超えるもので、「何これ?」「今後、どうしたらいいんだろう?」と毎日のように考え込むようになっていく。それでもすでに走り出してしまったことなので、心の整理がつかないまま突き進む生活を続けていた。

ありがたいことに、バンドの人気はうなぎのぼり。当初は地元関西のライブハウスで活動していたのだが、次第に400~500人ほどのキャパシティの会場ならすぐに満員にできるくらいにまで知名度が上がっていく。

知名度が上がる前から、全国のライブハウスを回っていたのだが、人気が上がるにつれ、今度はワンマンでライブを開催できるようになる。すべてが短期間のうちに起こり、私はその急激な展開ぶりに飲み込まれているような感じだった。

明日は福岡、明後日は名古屋、その次が東京で、翌週には大阪に戻ってきて……。気持ちの整理が追いつかないまま、300人から500人のお客さんを集めてワンマンライブをする日々を過ごしていったのだ。

熱に浮かされた私たち

自分には「急展開」のように思えても、ここまでの状態にたどり着くにはバンド結成から2年もの時間が掛かっている。それまで地道に活動し、3年目にしてようやく人気が出てきたのだ。この状態に至るまで、私たちは様々な苦労を経験してきた。

そもそも、アパレル関連の本業をそっちのけで全社一丸となって音楽活動に専念していたのだから、どう考えても異常以外の何物でもない。「バンド活動」という熱に浮かされた私たちは、とにかくがむしゃらになって突っ走っていた。部活やサークルのようなノリではなく、その姿はプロそのものだった。メンバーの誰もがライブでのパフォーマンスを成功させるために必死になり、毎日朝早くから夜遅くまでバンド活動に集中していたのだ。休みの日はなく、会社に泊まり込む日まであった。

それでも不平不満を言う人は出てこない。バンドの皆がやりがいを感じ、「ホンマにやってやろう」「成功してやろう」と真剣に思っていたのだ。私ももちろん、同じ気持ちを抱いていた。

問題は、どうやって生活をしていくかだった。貯金はあっという間に底をついたが、幸い私は実家暮らしだったため、住むところと食事の心配だけはせずに済んだ。

ところが次第に、家族からは「あんた、何やってんの!」「もう、ちょっとおかしいで」と言われるようになっていく。にもかかわらず、私は一切、聞く耳を持たなかった。

「ホンマにあと少しで成功するから、ちょっと待ってて」

こんな返事をひたすら繰り返していたのだ。今思えば、かなりアツくなっていたのだろう。

限界迎えて失踪する

やはり、かなり無理をしていたんだと思う。

ワンマンライブは毎回どこに行っても満員で、ファンは増えていく一方。なのに、肝心の私の歌唱力は一向に伸びていかない……。

形だけはどうにかワンマンライブができるようになり、ファンが喜んでくれているのもわかる。でも、それがいつしかプレッシャーになってきて、精神的に落ち込む機会が増えていったのだ。

もちろん、いいこともたくさんあった。

(こんな私にもファンができるんだ)

ファンの人たちの存在は、私に自信を与えてくれた。

しかし、ある時点から自信よりもプレッシャーのほうが大きくなっていった。

(次はもっと大きいことをして、お客さんを喜ばせなくてはいけない)

そう思って、張り切ってライブをすると、それがウケてファンがさらに増える――。すると、「次はもっと大きなことをしなくちゃ」と思うようになり、次第に際限がなくなっていく。ライブでのパフォーマンスのことだけでなく、チケットを売る必要もあれば、歌も上手にならないといけないのだから、なかなか気が休まらなかった。

(このままだと、世界を切り開いていくどころか、会社を立て直すことすらできないかもしれない)

一度悩み始めると、最後にはいつもこんな考えに行きついて、プレッシャーに押しつぶされそうになるのだ。

そしてある日、とうとう自分をコントロールしていた糸が「パーン！」という音を立てて切れてしまう。その瞬間、それまでの上り調子が一気に崩壊していった。

限界を超え、現実に向き合うことに耐えられなくなった私は、すべてを投げ出し失踪した。

（もうダメだ。これ以上は続けられない）

心のなかでそう叫ぶと、自分の車で逃げたのだ。

失踪してからの私は、完全に妄想のなかに入っていた。追ってくる人なんかいないのに、突然追われているような感覚になり、怖くなって逃げまくる。

夜になると、車中泊をすることもあった。あのときの自分の精神状態はマジでヤバかったと思う。

失踪してから5日後、さすがに皆が心配しているだろうと思った私は、会社に戻った。

これまでにもこうした失踪は、2、3回ほど繰り返していたのだが、今回は本当の限界だった。

戻りはしたものの、ライブ活動をするのはもう無理だとわかっていた。そこで私は、バンドを脱退するとメンバーに伝えた。こうして私のバンド生活と会社員時代は終わったのだ。

社長に感じていた恩義

予想をはるかに上回る勢いで急に人気が出てしまったことが、追い詰められていった原因の1つだったと思う。ファンの期待に応えるために、バンドの主力メンバーとして無理をしながら疾走していたのだ。

これだけ聞くと、かなりブラックな会社に思うかもしれない。でも私は、社長に恩を感じている部分があった。社長に〝拾われた〟という気持ちが常にあり、「恩返しをしたい」と思っていた。

そもそも私には、メンタル面で弱い部分がある。そのせいで、会社に入る前もかなり落ち込んでいた。原因となっていたのは、恋愛問題だった。

専門学校を中退した当時、私には付き合っている男性がいた。その彼と一緒に母親のパン屋を手伝っていたのだ。

「将来は結婚して、一緒にパン屋を開こう」

若気の至りとでもいうのだろうか。私たちはこんなことを言い合っていた。ところが、その恋人がある日、パン屋を辞めてどこかに消えてしまう。

つまり、フラれてしまったのだ。

当然、私はへこんだ。「あ〜、もう無理や〜」と落ち込んで、ショックのどん底に這いつくばっている状態だった。

そんななか、「このままではダメだ」とどうにか気を取り直し、心機一転、ダメ元でアパレル関連の事業を行っている会社の面接を受けた。このときに、自ら面接をし、採用を決めてくれたのが社長だった。

ところが、せっかく採用してくれたというのに、入社して3カ月ほど経ったころ、「ほかの仕事をしたいので、辞めます」と社長に伝え、私は退社してしまう。

しかも、ここで話は終わらない。退社して2カ月くらい経つと、自分の決断を後悔した私は、「もう一度、こちらで働かせてください」とお願いし、再就職させてもらうのだ。

このときも社長は、嫌な顔ひとつせずに「いいよ、戻っておいで〜」と言い、受け入れてくれた。わがままで辞めたにもかかわらず、再度入社する私がほかの社員の前で気まずくならないように常に気配りをしてくれ、和やかな雰囲気を作ってくれた。

こうした経緯があり、私は社長に対して「どん底から救ってくれた恩人」という気持ちを抱いていたのだ。

（私がツラかったときに助けてくれたんだから、今度は私が助ける番だ）

当時はこんなふうに考えていた。

「ニート生活の始まり」と「生配信の始まり」

人気が定着しつつあるタイミングでの脱退となったので、バンドのメンバーには「申し訳ない」という気持ちしかなかった。メンバーだけでなく、ファンの人たちにも「脱退することになりました」とお伝えし、活動を休止した。

こうしてどうにかバンド活動からは離れたのだが、精神的な不安定さはその後も尾を引いていく。当時の私は、いつも脱力感に苛まれている状態だった。何もする気が起きずに、家のなかにいるだけの生活が続いた。

そしてそれ以降、典型的なニートとなっていく。この状態は約半年ほど続いた。

ただし、バンド時代に感じ取ったあの熱は、完全に冷め切ることはなかったようだ。バンドを辞め、実家の自分の部屋にこもるような生活を始めて2日目、私は「マルコス」というキャス主名で生配信を始めていた。これが今につながる「マルコス」の誕生の瞬間だ。

人の前に出るのがあれほど嫌で、プレッシャーを感じていたのに、再びツイキャスを始めるなんてどうかしてる……。

最初のうちは、衝動的な自分の行動を理解できなかった。考えるに、生配信を通じて見てくれる人とのやり取りをすることに私は魅力を感じていたのだと思う。つまり、人前に出ることを完全に辞めきれなかったのだ。

きっかけはある日のひらめき

そうは言っても、今回は苦手な歌を披露するわけでも、何らかの活動をするわけでもない。ただ単に生配信をして、だらだらとした自分の生活を映し出し、べらべらと雑談をするだけ。それを見てくれた人たちのコメントを見て、私が返答をするというお気楽なものだった。相変わらずニート状態のまま、ただそれだけをひたすら続けていた。

そんなだらだらがちょうど半年ほど続いた春のころ、「何かしようかな」という気持ちが私のなかに芽生えてくる。

（心はまだ病んでいるけど、このままじゃちょっとダメだなあ）

そう思った私は、気分転換にでもなればいいと考えて「そうだ、釣りしよ！」というアイデアを思いつくのだ。

その思いつきのきっかけは、ホントに単純なものだった。私は幼いころから金魚を飼っていて、家の中は水槽だらけだった。中学生のころは、好きが高じて金魚の飼育日記をつけていたほどだ。

日がな水槽のなかで金魚が泳いでいる姿をボーっと眺めているうちに「野生の魚を見てみたい。できれば釣ってみたい。ほんなら釣り行こ！」と発作的に思いついたのだった。

私は、すぐに飽きる一方で、一度思い立ったら、すぐにやり出さないと気が済まないタイプ。興味を持ったその日から、ＹｏｕＴｕｂｅで釣りの動画を見まくっていた。それらの動画のなかでも一番面白そうだったのが「バス釣り」だった。

（何や？　ブラックバスって、家の近所の池とかにも泳いどるんや！）

それがわかると、もう居ても立ってもいられない。

（あ、これ、やってみたいかもしれへん）

すぐに釣り具屋に向かった私は、

「道具はどうしたらいいのか？」

「この辺りだと、どこに行けばブラックバスが釣れるのか？」

など、次から次へと店員さんに聞きまくった。部屋にこもりがちなニートだったはずなのに、一転してかなり積極的な行動に出ていたのだ。

最初のうちは、「ホンマに野生の魚なんて釣れんのかな？」という半信半疑な気持ちだった。それまで一度も釣りをしたことがなかったため、私にはまったく未知の世界だった。それでもどうにか釣り具屋の店員さんに聞きながら、一通りの釣り道具を買い、「とりあえず1回やってみよ」という軽いノリで始めてみた。

自宅から車で15分ほどの近所の池に向かい、恐る恐るルアーを投げてみる。池のなかをのぞき込むと、魚が泳いでいるのが見えた。

（あれ、たぶん、ブラックバスじゃないかな？）

その魚が仕掛けのワームに近づいてきて、ツンツン、ツンツンとつついてくる。

（あー、魚が寄ってきてる！）

このとき、私はめちゃくちゃ興奮した。あの光景はマジで強烈だった。

とは言っても、どう対処すればいいのかまったくわからない。事前に動画を見て予習はしたけれど、見るのと、実際にやってみるのとではやっぱり違う。結局、その日は1尾も釣れずに退散した。

マルコス、魚との勝負にハマる

人生初の釣りは、釣果ゼロで終わった。しかし、それっきりにはならなかった。あの興奮をどうしてもまた味わいたくて、釣り具を持って再び出かけていったのだ。

そんな日々を送っていると、ある日、1尾の獲物を見事に釣り上げる。

(これが釣りなんや!)

心のなかで雄叫びをあげていた。

それからはもう、釣りにどハマり。何と言っても、魚がかかったときのあのドキドキ感がたまらない。あの感覚はほかではなかなか味わえない。それをじっくりと味わってしまった私は、すっかり釣りに心を奪われてしまった。

初めて釣ったのは、体長20センチくらいの小さなブラックバスだった。この可愛らしいバスがルアーをつっついた瞬間、タイミングを合わせてリールを巻いたら、引っ掛かってくれたのだ。あのときはホンマに興奮した。

ただ、魚好きの私としては、釣り上げられた魚の口に針がぐさりと刺さっているのを見るのはショックだった。

(釣りって、こういうことなのか。嬉しいけど、かわいそうやな)

こんな複雑な気持ちだった。

それでも現金なもので、最後には嬉しい気持ちが勝った。野生の魚を自分で捕まえ、触るという感覚に魅せられてしまったのだ。

日常生活のなかで、野生の生き物と〝勝負〟することなんて、あまりない。ところが釣りでは、それができてしまう。

ルアーに食いつかせるために、キャストやルアーの動かし方に気を付けたりする行為は、まさに魚との頭脳勝負だ。

ルアーに魚が食いついたら、今度は引っ掛けるタイミングを考えなくてはならない。それらが全部、自分には魚との勝負に思えた。

この勝負を制するには、釣り具の調整も欠かせない。魚と勝負をしようと思ったら、頭を使わなくてはならないことがいっぱいあるのだ。

準備を整え、野生の生き物と戦い、勝てば相手を手中に収め、直に愛でることができる……。それまでの人生で、こんな経験をしたことはなかった。その新鮮さが私の心に刺さったのだと思う。

連日の釣り通い

釣れた日の翌日からは、連日、近所の池に通うようになった。

すべてに対してやる気をなくし、半年以上もニート生活をしていた自分が、嬉々として外に出掛けていくのだ。正直、その変わりようには自分でも驚いていた。

毎日毎日飽きもせずに同じ池に通い、「昨日はあの方法で釣れたけど、今日は違う方法を試してみよう」と試行錯誤を重ねていく。実地でルアーフィッシングの基礎を学びながら、ますます釣りにハマっていった。

それまで生きてきて、私は趣味のようなものを持っ

たことがなかった。学生時代を振り返っても、部活に入ったこともないし、何かに没頭するということも一度もなかった。そんな自分が大人になって釣りに夢中になるなんて、予想すらしていなかった。

2017年、〝釣り師マルコス〟はこうして誕生したのである。

いざ淀川へ

自分がハマれるものを見つけたのはよかったのだが、問題もあった。1週間ほど、毎日のように池に通い続けたのに、なかなか腕が上がらなかったのだ。釣り上げたのは、せいぜい30センチほどのブラックバスばかりだった。

（できることなら、40センチ級の壁を越えたい）

超初心者でありながら、早くもそんな野心をたぎらせていたのである。ところが、いつになっても大物は釣れない。

そこで再び、インターネットの力を頼ることにした。

パソコンを開くと、「バス釣り　大阪」というキーワードを入力してみる。すると、「淀川」という検索結果が出てきた。

淀川なら自宅からそう遠くない。思い立ったが吉日。私はすぐに出掛けていった。

ところが釣り場に到着した瞬間、釣り人たちのあまりの多さに圧倒されるのと同時に、急に恥ずかしくなってしまう。

なにせこちらは、釣りを始めて1週間ほどのド素人なのだ。周りの釣り人と比べると、見た目からして大きく異なり、完全に浮いている。

持参した釣り具も初心者セットで、気後れするばかりだ。ワームの付け方も完全に自己流なので、「見られたら嫌だな」との思いが高まり、完全に萎縮してしまった。

それでもせっかく来たからには釣りをしないと意味がない！

意を決して、ポイントを探しながら歩いていると、そこにいた派手な釣り人に「君1人で釣りしてるの？」と声を掛けられた。「ちょっとイケイケな感じじゃなあ」というのが、その人に対する第一印象だった。

声なんて掛けてほしくないのに、なぜか声を掛けられる……。

釣りってやっぱり〝男の世界〟なのだろう。だから、否が応でも女の人は目立ってしまう。実際、そこにいたのも男の人ばかりだった。

「そうですね。1人で釣りしてます」

恥ずかしいなと思いながらも、私は返事をした。

「おお、女の子なんて珍しいね。僕、ここで長いこと釣りしてるけど、初めて見かけたよ」

こんな感じで、期せずしてスムーズに会話が始まった。

「そうですか……。私、釣りを始めて1週間なんで、何もわからないんですよ」

見栄を張ってもすぐにバレると思い、私は正直に話した。その後も当たり障りのない釣りの話をしていたら、しばらくしてその男性が「実は僕、バスプロやねん」と言ってきたのだ。

「えー、ホンマですか？」

私はすぐに反応した。このときはまだ、「本当にこの人がバスプロなのか」という疑いの目で見ていた。

「ホンマ、ホンマ。バス釣り長いことしてるけど、女の子1人で来てはるの初めて見たから、声掛けてみたんやわ」

さらに会話を交わしたあと、別れ際に名前を尋ねたら、「はたたくま」と教えてくれた。

結局、淀川では1尾も釣れずじまいだった。

家に帰ってきて、ふと昼間の釣り人のことを思い出した私は、ネットで名前を調べてみることにした。

「はたたくま」

こう入力すると、「秦拓馬」という変換候補がすぐに表示される。それを選んで検索すると、なんと「昼間の男の人」は超有名なバスプロであることが判明した。これには本当に驚いた。

このあと秦さんとは縁あって再会することとなり、その後は、私の釣り人生に欠かせない人となっていく。

琵琶湖デビュー

淀川で惨敗したあとも、釣りへの興味は削がれることはなく、私は近所の池に通い続けた。ところが、40センチ超えのバスを釣るという目標はなかなか達成できない。再び場所を変えてみようと考えた私は、またまたネットで検索を始めた。そこで見つけたのが、琵琶湖だった。

さらに検索を進めると、琵琶湖はバス釣りをする人にとって〝聖地〟のような場所であることがわかってくる。

それを知ってしまった以上、じっとしてはいられない。私はすぐに琵琶湖行きを決める。

さすがに今となっては、40センチというサイズには驚かない。しかしその当時、40センチのブラックバスは私にとって〝幻の大物〟のように思えるほどの獲物だった。そんな大物を何としてでも釣ってみたいと思い描いていたのだ。

（40センチのバスを釣るまでは家には帰ってこない）

私の覚悟は相当なものだった。

勢いだけはいいのに、技術がそれについてこない……。

これがそのころの私だった。

勇んで琵琶湖に挑んだものの、まったく釣れない。

そもそも、ロッドを正しく操れないので、魚のいそうなポイントにワームをキャストすることができないのだ。そのため、ワームは岸から2mほどのところまでしか飛んでいかなかった。

それを自覚しながらあきらめずに挑戦していると、色々な人が声を掛けてくれた。ロッドの振り方を教えてくれる人もいれば、お勧めのワームをプレゼントしてくれる人もいた。それでもどうしても釣れなくて、時間だけが経過していった。

ニートなので潤沢な資金はなく、ホテルに泊まることはできない。失踪したときと同じように、夜になると駐車場に車を止めて、朝まで車のなかで寝るという生活が続く。そして6日目の朝、とうとう40センチサイズのブラックバスを釣り上げることに成功するのだ。その瞬間、私は声を上げて泣いていた。

40センチの魚を釣るのに、こんなにも日数がかかり、こんなにもしんどい思いをして、それでもあきらめずに自力で目標をクリアできた――。そのことが無性に嬉しかったのだ。

初めて釣る40センチ超えのブラックバスは、やたらと巨大だった。それを見ていると、再び涙があふれてきて、朝から号泣しっぱなしだ。

それまでの人生で私は、何かを成し遂げて、その嬉しさから泣くという経験をしたことがなかった。その感激を釣りによって初めて経験したのである。

大げさかもしれないが、「釣りって、こんなにも大きな感動を与えてくれるんだ！」と気持ちが高ぶって、ますます釣りへの想いが膨らんでいった。

この感動を味わってからは、釣りへの入れ込みようがさらにヒートアップしていき、その魅力に取りつかれていく。

こうして「釣り」という新たな世界が私の目の前に広がっていったのである。

第3章

旅する怪魚ハンターの誕生

日本全国ブラックバス釣りの旅

釣りにハマって2カ月くらい経つと、今度は近所の池での釣りに物足りなさを感じてきた。まさに、熱しやすく飽きやすいという私の性格がもろに出てきた感じだった。

その気持ちは日増しに大きくなり、その結果、日本全国を車で巡って「すべての都道府県でブラックバスを釣り尽くしてやろう」というアイデアに行き着いた。

「やりたい」と思ったら、行動に出るまでが超早いのも私の特徴だ。大阪の実家を出発すると、まずは徳島県に渡り、「日本全国バス釣りの旅」をスタートさせた。

このときに私が設定したルールは、地元のバス釣りスポットに行き、1尾釣り上げたら次の都道府県に移動するというものだった。

大きな日本地図を手描きで作成し、バスが釣れたらその都道府県にバスが描かれたシールを貼っていくという〝儀式〟も行うことにした。実に地味ながら、シールを貼るたびに達成感を味わえるというご褒美を用意したのだ。

さらに、旅の模様はツイキャスで生配信すると決め、リア凸待ち（配信を見たリスナーさんが、リアルに会いにくるのを待つこと）も積極的に行うつもりだった。釣りが無事に終わったあと、見てくれた人たちに「○○駅の前で夜の8時に集合！」と声を掛けることで、リスナーさん参加型の釣り旅にしようと思ったのだ。

実際にリア凸待ちのお知らせをすると、多いときで30人くらいが集合場所に来てくれた。

「マルちゃん、これ食べて！」

こう言って、ご飯や飲み物の差し入れをしてくれる人もいた。

ニートだった私には、潤沢な旅の予算もなく、節約は必須だった。それだけに食べ物の差し入れはありがたかった。

それに頼るというのは少々品がないかもしれないけど、実際のところ、このときの私はリスナーさんたちにもらった食料で空腹に悩まされずに済んだという感じだった。

食事代さえも節約しようというのだから、当然、ホテルに泊まるお金もない。毎晩、車中泊をした。

旅をスタートさせたのはちょうど真夏の季節。昼は汗だくになりながら釣りをして、5日間もシャワーを浴びずに移動を続けた。当然、3日目あたりから体臭がきつくなり始める。昼間に野池で釣りをしていたら、ハエがこぞって寄ってきたことがあった。さすがにこのときはヤバいなと思った。しかし、それでも車中泊を続けるしかない。

旅の途中、北海道にはブラックバスはいないという情報が入ってきたため、北海道行きは断念するという事態にも直面した。青森県までやって来たのに、北海道を目の前にしてきびすを返すのは心苦しい。しかし、北海道に渡ってみて空振りだったとしたら、出費だけが覆いかぶさってくる。それを考えると、私は「北海道には行かず」という苦渋の判断をするしかなかった。

青森県を出てからは、ひたすら南下の旅を始め、沖縄を訪れたのち、ついに大阪で旅を終える。どうにかこうにか、46都府県でブラックバスを釣り上げることに成功したのである。

7月に旅をスタートさせてから、すでに5カ月が経過していた。

（こんなアホなことを成し遂げたのは、私だけやろ）

長かった5カ月を振り返るうちに、自然と釣り人としての自信は高まり、技術的にも腕を上げたような気がした。

もっとすごい魚を釣りたい！

日本中の魚を釣って達成感を味わった私は、もっと刺激的な釣りに挑戦したいという思いに駆られ、落ち着かない毎日を過ごしていた。

（ブラックバスよりもより刺激的な魚って何だろう……）

気が付くと、それればかり考えている。

そこで購入したのが、〝世界の怪魚〟が満載された雑誌である。これを部屋のなかでパラパラと眺め始めると、いるわいるわ、世界には「うおー！」と叫び声をあげてしまいたいくらい刺激的な魚がうようよ生息していることがわかった。

そして、それらのなかでも特に私を惹き付けたのが、虹色の魚体を持つトーマンという魚だった。

(何これ、エグい！)

写真を見た瞬間、私はその魚に釘付けになった。

「いったい、どこにいるの？」と思いつつ、説明文を読んでいくと、「生息地：マレーシア」と書いてある。

「マレーシアに行けば、釣れるんだ。行くしかないわ、これ」

またしても私は即決してしまうのである。

問題は資金調達……

しかし……。

ニートの私には、マレーシアに行くだけのお金がない。それでもマレーシアには行きたくてたまらない。色々と考えた結果、クラウドファンディング（クラファン）を利用することにした。

今でこそ、クラファンで資金を調達し、やりたいことを実現する方法は一般化している。ところが、私が利用を試みた2018年のころは、釣りをするためのクラファンはまだあまり浸透していなかった。

その結果、どうなったかというと、SNS上で激しいバッシングを浴びるのだった。大半の批判の中身は次のようなものだ。

「釣りって趣味でしょ。つまり娯楽。それをするために人からお金を集めるのはおかしい」

多くの人がそう思ったらしく、かなりの反感を買った。

ネット民からだけでなく、父親からも「人様からお金をもらって釣りに行くのはやっぱりおかしい。気持ちはわかるけど、やめたほうがいいんじゃないか？」と言われた。

しかし、そうした言葉がまったく耳に入ってこないくらい、マレーシアに行きたいという気持ちは強かった。

そもそも、目標を持っている人がいて、それを手助けしたいという人から支援してもらうためにクラファンという仕組みが生まれたわけで……。私はその仕組みを利用しようとしただけなのだ。

終始この姿勢を崩さずに、周りからの反対の声には耳をふさぎ通した。最終的にその強い意志が実を結び、4日間で目標金額を超える資金が集まった。こうして私は、トーマンを釣りにマレーシアに出発することができたのだ。

バンド時代の生配信が身を助ける

こんなに短期間で資金を集められた理由は、生配信の影響力が強かったからだろう。ニートになって2日目の時点で始め、釣りをすると決めてからは「今から釣りを始めることにしたんやけど」と宣言し、釣り具屋に行く模様も配信していた。さらには「私、バスプロになるから」などという大それた発言をしつつ、「みんな、見といてやー」なんて言いながら、途切れさせることなくずっと配信を続けてきたのだ。

思い返せば、生配信はバンド時代に始めたものだった。あんなに辛かったバンド時代に培ったノウハウが、今になってじわじわと役に立っている……。「皮肉なものだなぁ」と思わずにはいられない。

もっと言うと、突拍子のないことでも、やりたいと思ったらパッとすぐに行動できるようになったのは、バンド時代の経験があったからだと思う。不特定多数の他人に向けて生配信をする度胸が備わったのは、あの時代があったからこそだ。

バンド活動のせいで心のバランスを崩してしまったのに、回りまわってその経験に助けられている……。そんな不思議な展開になっていたのである。

このときばかりは、「人生、無駄な経験って1つもないんだな」と思った。

そもそもバンドを始めたときも初めての挑戦だったし、しかも「そんなんで会社を立て直すなんてできるわけないやん」と後ろ向きだった。それでも実際にやってみると、徐々にファンが増えていき、全国ツアーをするまでになっていたのだ。

「やればできるんやな」

「『できる』と真剣に信じれば、結果はついてくるんや」

バンド活動を通じて、私はそう思えるようになっていた。

そうした実感がまだ残っていたので、「決意さえすれば、何でもできる」と信じることができた。

こんな話をすると、「自分が気づいていないだけで、本当は幼いころから自分のやりたいことを次々と実現させてきたんじゃないの？」と聞かれたりする。

「そうなんです」と言いたいところだが、残念ながら、幼少時代からバンドを始めるまで、やりたいことを実現させた経験はほとんどない。

私を変えていったのは、やはりバンド活動だったのだろう。

現地のガイドとめちゃくちゃな英語で交渉

話をマレーシアへの釣り旅に戻そう。

クラファンによって資金調達を完了させた私は、いよいよ単身マレーシアに行くことになる。

このときはまだ、ＹｏｕＴｕｂｅでの動画配信はしていない。そもそも、「ＹｏｕＴｕｂｅｒになる」という発想さえなかった。それでも動画を撮っていたのは、釣り人としての自分の成長の記録を残したかったからだ。

一方で、ツイキャスの生配信は相変わらず続けていた。この当時、私のツイキャスを見てくれていたのは、バンド時代の私を知っている人たちが多かった。

それにしても、「マレーシアに行きたい」という私の願望は相当強いものだった。その証拠に、私はすぐに行動に出ている。

まずはインスタグラムに「トーマン」というキーワードを入力し、トーマンが写っている画像を探した。すると、釣り上げたトーマンを抱えているマレーシア人の画像が見つかり、現地のフィッシングガイドであることを突き止めた。

次に私は、「Teach me your phone number.」という英文のDMをガイドに送った。その後、返事をもらうとすぐにマレーシアに電話をしている。

英語が上手に話せるわけではない。勢いに任せて電話をしたのだ。

「ハロー、アイ・ウォント・フィッシング・ゼア。アイム・ジャパニーズ。ガイド、リザベーション、ＯＫ?」

こんなめちゃくちゃな英語だったが、幸いにもどうにか通じ、現地でのガイドの手配は完了した。
やっぱりやればできるのだ。

会社員時代に経験した北半球一周旅

実は、「外国に行く」ということに関しても、会社員時代の経験が生きている。前章で触れたアパレル関連企業に勤めていたころの話を読み、「この会社はただのブラック企業ではないか」と思った人もいるのではないか。さらに、会社を辞めずに、社長の意向に従って苦手だったバンド活動を続けていた私に対して、違和感を覚えた人もいるかもしれない。

そこまでして社長の下を離れなかったのには、私が感じていた「恩義」以外にも理由がある。バンドの結成を言い出す以前から、社長は次から次へと型破りなことを言い出しては実行するような人物だったので、そのことに私は面白味を感じていたのだ。

例えば、こんなことがあった。

あるとき、社長が「皆で世界一周しようぜ！」と言い出した。もちろん、最初は冗談かと思った。ところが社長は大まじめで、8人ほどの全社員をまとめて、2カ月もの長い間、北半球一周旅に連れて行ってくれたのだ。

このときは、バックパックを担ぎながら、アメリカ、ノルウェー、スウェーデン、ポーランド、スイス、フランス、ベルギー、イタリア、バチカン、クロアチア、タイ、カンボジア、ベトナム、中国（香港含む）といった国々を巡る旅となった。

社長はとにかく衝動的な性格で、「やりたい！」と思ったらそれに向かって一気に走り出すような人だった。そんな社長に振り回され続けた会社生活だったのだ。

自分にとってそうした毎日は刺激的で、知らず知らずのうちに大きな影響を受けていた。実際、そうした経験があったからこそ、「釣りがしたい！」という衝動を無理に抑えつけようとはせず、すぐに行動に移せたのだと思う。そうした部分も含めて、社長には恩義を感じている自分がいる。

女1人旅だからこそ起きた初日のハプニング

渡航前の準備はすべて終わり、いよいよマレーシアへの1人旅に出発する日がやってきた。会社員時代に北半球一周の経験をしたとはいえ、今回は初めての1人旅なので状況は大きく異なる。

(ホントに1人で行けるのかな)

いざ出発となると、不安な気持ちが押し寄せてくる。大都市を訪れる観光旅行ではなく、女1人で田舎を訪れる旅なのでなおさら緊張した。現地のガイドに案内してもらうにしても、その人がどんな人かもわからない。不安は膨らむ一方だ。

ただし、頭のなかはすっかり〝魚脳〟になっており、最終的には「トーマンさえ釣れるなら、不安なんてどうでもええわ」という度胸が不安を打ち消した。こうして私は勢いに身を任せるかのようにして飛行機に乗り込んだ。

マレーシアに行くのは、実はこのときが初めてではなかった。高校生のとき、修学旅行で訪れたことがあったのだ。まさかそれから数年後に、釣りをするために再訪することになるとは、高校時代にはまったく想像もしていなかった。

電話でやり取りをした現地ガイドのエディとは、クアラルンプールの空港で対面した。単独でやって来た日本人女性をガイドするのは初めてだと言い、とても驚いた様子だった。こうしてトーマンを狙う9日間の旅が始まる。

エディの会社では、日本人客をガイドすることは稀らしく、しかも若い女性を案内するサービス体制も整っていないようだった。そのため、私は旅の途中で思わぬハプニングに見舞われることになる。

特に困ったのは、初日のホテルの部屋をエディとシェアすることだった。女性客のガイドをすることはめったにないため、会社が1部屋しか予約していなかったのだ。これにはさすがに参った。

当然、私たちはもう1部屋追加しようとした。しかし、ホテルはすでに満室だった。仕方がないので、私は覚悟を決め、エディと相部屋で寝ることにする。

そうは言っても、さすがに心配だったので、ツイキャスの生配信をオンにしたまま、眠りに就いた。

見ていた人たちにとっても、この状況は信じられないものと映ったようだ。コメント欄はかなり荒れ、私が男性と相部屋することについて怒る人もいて、ちょっとした炎上状態に陥ってしまう。心配してくれる人たちも続出し、「やめろー!」という書き込みが殺到する状況だった。

困っていたのは私だけでなく、エディも同じだった。家族でもなければ、知り合いでもない、会ったばかりの異性と相部屋をするのは気が重かっただろう。彼の会社の手配ミスとはいえ、エディ自身に直接の責任はない。

ありがたいことに、エディは私にとても気を遣ってくれ、何事も起きずに朝を迎えられた。

この旅行に関しては、父も母もすごく心配していたようだ。「大丈夫か?」「心配で仕方ない」と何度も言っていた。でも、私の気持ちはトーマンを釣ることに向いていたので、「大丈夫」としか言えなかった。

私はいつも、どこかに出掛けると、親への連絡を怠ってしまう。いつしか両親も慣れてしまったのか、最後まで言い続けてくることはない。これについては、申し訳ないという気持ちと、感謝の気持ちをいつも抱いている。

マレーシアにいる自分が不思議

どうにかこうにか来られたマレーシア――。初日にちょっとしたハプニングはあったが、全体を通してみると、これがめちゃくちゃ楽しかった。

このころ、釣りを始めてから経験を積み重ね、ほんの少しだけ「釣りがわかってきたかな」と感じていたころだった。ところが、マレーシアでの釣りはそれまでとは世界がまったく違っていて、自らの常識を完全に打ち砕かれることになる。

マレーシア2日目、私たちは首都クアラルンプールから車で4時間ほど走り、タイ国境に近いところに移動した。そこからは、トーマンが生息する熱帯雨林を流れる川に足を運び、現地の人が操舵する古臭いボートで釣りスポットに向かった。

こんな経験はそれまでの人生で一度もしたことがなく、私の興奮度は一気に上がっていく。

釣りスポットを探してボートで川を移動していると、場所によっては水辺の植物がボートの行く手をふさぐように生い茂り、行く手がまったく見えない。それをかき分けるようにしてボートは進んでいった。

1つの茂みを通り過ぎると、その先に新たな茂みが現れ、そこをかき分けてさらに進んでいく。それを何度か繰り返すと、茂みの先に水面が開けていた。

短期間のうちに今まで訪れたことのない土地にやって来て、見知らぬ人たちと出会い、見たこともない景色を私は見つめている……。

そんな思いにふけっていると、目の前にある扉が次々と開かれて、その向こう側にある新たな世界に自分が足を踏み入れていくような感覚にとらわれていった。

熱帯雨林を流れる川面をボートに揺られながら進んでいくうちに、「私、いったい何してるんだろう?」と不思議な気持ちになるばかりだった。

船上で感じた恍惚感と冒険心

少し前までの私は、心のバランスを崩したただのニートで、毎日何もせずに家に引きこもっていた。さらにその1年前は、会社の仲間とバンドを組んで、日本全国でライブを行う日々を送っていたのだ。

そんな私が偶然、釣りにハマり、単身でマレーシアに乗り込んで、ジャングルの真っただ中で怪魚釣りをしている……。

それまで想像もしていなかった展開に戸惑い、それと同時に、ふわーっとするような恍惚感に包まれていった。

どうやら私は自分が直面している変化のスピードについていけず、一生懸命それに追いつこうとしていたようだ。そしてその感覚は、決して嫌な感じではなかった。

見たこともない知らない世界が次々に現れる状況は、否が応でも冒険心をくすぐる。釣りのガイドはいても、基本は1人旅なので、何でも自分でこなさなくてはならないというハードルもあった。自分の力だけを頼りにして、これらのハードルを越えていくという作業も心地よさの原因の1つだったと思う。こんな経験は初めてだし、完全にアウェイの状態で無事に旅を進めていける自分にも満足していた。

エディは英語を話せたので、私と意思疎通するときは英語だ。英語と言っても、私はそんなに話せるわけではない。何かを言われても、理解できないことだらけ。

熱帯雨林に囲まれながら釣りをしたあとは、川辺のゲストハウスに向かった。

そこで働く現地の人たちが話すマレー語は、私には一切わからない。にもかかわらず、「怖い」とか「不安」といった感情とは無縁で、ただただ冒険心をかき立てられる一方だった。

これらすべての出来事が、私にとって非常に貴重な体験となったのである。

最後の最後に致命的なミス

マレーシアの旅では、私はガイドのエディを信頼していた。

とても誠実な人で、旅の途中、お金をごまかそうとしたり、女性の私にちょっかいを出してくるようなこともなかった。

「トーマンをどうしても釣りたい！」という私の情熱をしっかりと受け止めてくれたエディは、釣り仲間として私に接してくれたのだ。彼と過ごす時間は、本当に快適だった。

お金に関して言うと、むしろ私のほうがドジをしでかして、エディに迷惑を掛けている。私には小学生のときから忘れ物をする癖がある。その悪い癖がマレーシアで出てしまった。外国に行くというのに、何と私は現金とクレジットカードを持っていくのを忘れていたのだ。

普段使っている財布から、海外用の財布に切り替えたまでは準備万端だった。ところが、中身（現金とクレジットカード）を入れ忘れ、すっからかんの状態でマレーシアまで来ていた。しかも、そのことにマレーシア滞在の最終日前夜まで気づかないというお気楽さ……。

なぜそれまで気づかなかったかというと、空港に迎えに来てくれたエディが「旅行中にかかったお金は最終日に精算するから、財布はしまっておいて大丈夫だよ」と言ってくれたからだった。他人のせいにするのは忍びないが、言われるままにすべての支払いをエディに任せていたため、財布を取り出すことが一度もなかったのだ。

ところが、最終日の前夜に精算をしようと思い、財布を確認すると、中身がまったく入っていない。エディと相部屋したときも、熱帯雨林を流れる川をボートで移動するときも、まったくパニック状態にならなかったのに、さすがにこのときはパニックになった。

あー、情けない。


どうすればいいのかわからなくなった私は、慌てて生配信を始め、「誰か助けてぇ！」とSOSを発した。

するとすぐに、「バカだろ」「国際問題だ」「大使館に行け」と炎上の気配を帯び始める。ところが、しばらくするとマレーシアに在住している日本人の〝救世主〟が降臨し、「近くに住んでいるので、すぐに現金を持って助けに行きます」と言ってくれた。

結局、その人からお金を借りて、なんとか精算を済ませることができた。ちなみに借りたお金は、日本に帰国してすぐに送金した。

それにしても、生配信の力はすごい。本来は許されないミスだが、生配信のおかげでどうにか窮地を乗り越えられた。しかも日本でではなく、私はマレーシアにいたのだ。帰国前夜、クアラルンプールの自宅に戻っていたエディは、たまたま私の生配信を見ていたようだ。泣き叫んでいる私の姿を見て異状を察し、すぐに連絡をくれた。

「ぼくは日本語はわからないけど、どうしてそんなに慌ててるんだ？」

エディはそう尋ねてきた。すぐに事情を説明し、「お金を借りることができた」と伝えると、「泣くようなことじゃない！　大丈夫だよ」と言われ、大笑いされる始末だった。

いずれにしても、事なきを得て、翌日の空港で食事代やガイド料などを含めた9日間のツアー料金を支払うことができた。

別れ際、エディからは「またおいで」と言われたので、再訪を約束して別れた。

私の初めての海外釣り旅は、こうして無事に終わったのである。

旅はさらに続く

マレーシアへの旅は、本当に充実したものだった。その旅の楽しさが忘れられず、私はエディと約束したとおり、1カ月後に再びマレーシアに釣りに出掛けている。

マレーシアの何にそんなに惹かれたのかというと、第一にマレーシア人の優しさと親切さだと思う。特にエディは最高だった。彼が熱心にガイドをしてくれたおかげで、私はマレーシアにハマってしまったのだ。

マレーシア人が発する魅力だけでなく、釣りの環境も申し分ない。私は完全にマレーシアのファンになっていた。

この再訪のあと、母親ともマレーシアを訪れている。そのときは釣りだけでなく、観光も楽しみたかったので、私たちはランカウイ島に行った。

知っている人も多いと思うが、マレーシアには大きく分けて3つの民族が暮らしている。一番人口が多いのはマレー人で、そのほか、中華系とインド系の人たちが合わさって、全人口の大半を構成している。

これらの民族のなかで、エディはマレー系の人だった。マレー系はイスラム教徒であり、日本人とは異なる感覚を持っていたと思う。

全体的な印象は、控えめで穏やか。それから、エディ個人の性格によるところも大きいのかもしれないが、とにかく優しかった。正直、あまりにも優しすぎて、私はお姫様にでもなったような気分だった。

その後、釣りを目的として台湾、アメリカ、ブラジル、タイ、カナダ、ネパール、メキシコを訪れたが、今でもマレーシアは私の一番好きな国として不動の地位を保っている。

現地にはまだまだ釣りたい魚もいっぱいいるので、今後もマレーシアには通い続けるだろう。

〝特定外来生物〟は怪魚ハンターのターゲット

マレーシアでトーマンを釣ったことによって、どうやら私は怪魚釣りに目覚めてしまったようだ。トーマンの何がそんなに魅力的だったかというと、その美しさだった。

トーマンは雷魚の仲間で、鱗の虹色が特徴的な魚だ。かかったときの引きも強く、釣り人を十分に楽しませてくれる。トーマン釣りは、それまでのバス釣りとはまったく異なっていて、それも私には新鮮だった。この釣りを経験したことで、「見たこともないような珍しい魚を釣るのは文句なしに楽しい」と私は確信できた。

マレーシアから帰ってきても、その確信に少しも揺るぎはなかった。来る日も来る日も、世界中に生息する「怪魚」に思いを馳せ、それらを片っ端から釣り上げたいと夢想するようになる。

思い込んだら、行動するしかない。そこで次に向かったのが、アメリカだ。

狙うのは、古代魚とも呼ばれるアリゲーターガー。この怪魚を釣るために、私はテキサス州へと旅立ったのだ。

アリゲーターガーは、日本では特定外来生物として徐々に知られつつある。顔から胴体にかけての体形がワニ（アリゲーター）に似ているガー科の魚ということで、この名が付けられている。

巨大で、とても凶暴な顔をしているアリゲーターガーの写真を見た私は、「本当にあんな魚釣れるの？」と思う一方で、「一度でいいから釣ってみたい」という気持ちをすぐに抱いた。

こうなると、もう止まらない。釣り歴1年ほどの私ではとても太刀打ちできない相手であることなどはすっかり忘れ、無謀とも思えるチャレンジに挑むことになるのだ。

このときも私には潤沢な旅行資金がなかった。そこで再びクラファンを利用してお金を集めている。

マレーシアから帰ってきてからは、「自分はプロの怪魚ハンターになるんだ！」「釣り名人になるんだ！」という明確な目標が見えていたので、前回のようにクラファンでお金を集めるということに対して迷いはなかった。

そうした私の熱意が伝わったのか、多くの人が応援してくれた。

旅にトラブルはつきもの？

テキサス州に行く前に立ち寄ったロサンゼルスでは、安宿に泊まる予定になっていた。

旅費を節約するために安宿を探していたところ、唯一見つかったのがロサンゼルスでも治安が悪いことで有名なイングルウッドという地域にあるホテルだった。日本で予約を入れるときには、そんなことはまったく知らず、1泊1000円という格安な値段だけで決めてしまった。

ロサンゼルス国際空港に到着したのは、まだ明るい昼の時間帯だった。

ところが、ホテルに行くまでのバスの乗り方がわからず、私は夜になっても空港の建物の外でうろうろとさまよっていた。その様子を生配信していたら、現地でその配信を見てくれた女性がわざわざ車で駆けつけてくれた。このときは本当に助かった。

その女性に、イングルウッドにあるホテルの名前を伝えたら、「えー、そんなところに泊まるんですか?」と驚いた顔をされた。そこでようやく治安の悪いエリアだと気が付いた。

ホテルの敷地を横切りながら受付に向かっていくと、独特な煙の臭いが漂っていることに気付く。何かなと思っていたら、助けにきてくれた女性が「マリファナの匂いがする」と言って顔をしかめていた。その後、自分のベッドがある部屋の前にたどり着くと、女性にお礼を言い、その場で別れた。

すでに遅い時間だったので大部屋の電気を点ける気にならず、私は自分のベッドに倒れ込むと、その夜は何もせずに寝てしまった。

翌朝になって起きると、私はとても驚いた。昨晩は暗すぎて見えなかったが、起き上がって部屋のなかを見回すと、二段ベッドが20台ほど並んだ収容所のようなところに泊まっていたことがわかったのだ。

（こんなところに泊まってたんや……）

私は、ここまで送ってくれた女性が、「イングルウッドは地元民でもあまり近寄らないエリアだよ」と言っていたのを思い出し、急に落ち着かなくなってしまう。

（アメリカを舐めたらアカン）

そのことを、私は到着早々に心に留めた。

釣りの世界で「女」が背負う余計な心配

ロサンゼルスの次の目的地は、テキサス州ダラス。

ここに来るまでに、「ダラスは人種差別が激しい場所だから、石ころを投げられたり、いじめられたりするかもしれない。注意してね」と言われていた。そのせいで、到着前から少々緊張気味だ。

ところが実際に現地に来てみると、まったく問題ない。

現地でお願いしたガイドのクリスも、とてもいい人で安心した。

海外に出掛けるとき、いつも心配になるのはガイドのことだ。大抵、どこに行っても釣りのガイドは男の人と決まっている。対して私は女なので、どうしても身構えてしまうのだ。

マレーシアのエディの場合も、ダラスのクリスの場合も、「やっぱり私を女として見ているのかな?」と思わせる場面が何度かあった。

「シャワーを浴びるんだったら、背中を流してあげようかな？」

冗談交じりとはいえ、クリスにそう言われたときは「気持ちワル！」となって「ノー、ノー、ノー」とすぐに拒否反応を示している。

釣りというのはまだまだ男の世界で、女1人でこの世界に乗り込んでいくと肩身の狭い思いを強いられる。どこの国に行っても、どのガイドに当たっても、必ず一度は「私、女だから軽々しく思われているのかな？」と思うときがある。〝女性〟ということで優しくしてもらえるというメリットがある一方で、それが足かせにもなるのだ。

（こんな状況を少しでもいいから変えたいなあ……）

非力ながら、そんなことを私はいつも考えている。

ダラスには結局、3日ほどいた。無事にアリゲーターガーを釣り上げるのにも成功して、帰路に就くことになる。

再びロサンゼルスに戻ってくると、急に日本に帰りたくなくなり、「せっかくアメリカまで来たんだから、もう少しアメリカを感じていたいな」という気持ちが強くなった。

そこで私は予定を変え、ロサンゼルスで釣りをしながら1週間ほど滞在することに決める。さすがにイングルウッドに泊まるのはやめ、サンタモニカのビーチ沿いにあるゲストハウスを宿泊地とした。

（もう少しだけ滞在していたい）

こんな気持ちからの予定変更だったのだが、ここで思わぬ出来事が発生する。

ゲストハウスで生配信をしていると、優しそうな黒人男性が「アー・ユー・ジャパニーズ？」と言って話し掛けてきたのだ。英語もろくにできないのに彼との会話はなぜか弾み、私たちはすぐに意気投合した。すると彼が私を、食事に誘ってくれたのだ。これがきっかけで、私たちは急速に仲良くなっていく。

その後も、ハイキングに行くなどして楽しい時間を一緒に過ごした。

彼はテキサス州出身のラッパーで、将来は日本で音楽活動をしたいという夢を持っていたようだ。日本語にも興味があったので、私に声を掛けてきたとのことだった。そんな話をしているうちに、私たちはお互いのことに興味を持ち始めた。しかし、私は日本に帰らなければならない。寂しい気持ちを抱えながら、私たちは再会を約束して別れたのだ。

アメリカ人のボーイフレンド

その後、日本に戻って来てから半年ほどすると、何とサンタモニカで知り合った彼が、本当に日本にやって来た。私はすぐに彼に会いに行くと、それからはしばしば一緒に遊ぶようになる。そしていつしか、付き合い始めるのだ。

彼が日本にいたのは、わずか2カ月ほどだった。その間、私たちは色々なところに遊びに行った。しかし、再び別れのときがやって来て、遠距離恋愛を強いられる。

お互い苦労しながら関係を続けていたのだが、遠距離恋愛はやはり難しく、やがて私たちの関係に終止符が打たれた。

別れた理由には、遠距離という原因のほかにも、言葉の問題もあった。お互いに相手の言葉を十分に理解できないなかで付き合うのは本当に大変だった。

同じ日本人でも、東京の人と大阪の人ではノリが違うのだから、日本人の私とアメリカ人の彼のノリが違うのは当たり前かもしれない。

結局、遠距離恋愛はうまくいかず、最後に大喧嘩をして別れてしまった。

とても短い間だったが、それでも彼と付き合えたのは自分にとっていい経験だった。

第4章

怪魚ハンター、アマゾン川に挑む!

WORLD FISHING RALLY
GREAT AMAZON WORLD FISHING RALLY
TOKYO-GOIAS 20-27 JUN 2019
AMAZON QUEEN AWARD

突如決まったアマゾン川への釣り旅

テキサス州にアリゲーターガーを釣りに行ったあと、私は機会を改めてオクラホマ州やフロリダ州を訪れ、怪魚釣りに挑戦し続けた。

それらの釣り旅を終え、次はどこに行こうかと考えていると、ブラジルのアマゾン川で釣りの国際大会が開かれるという話が舞い込んできた。

念ずれば叶うとでもいうのか、国際大会の話を聞いてしばらく経ったころ、なんと日本代表の1人として参加してみないかとの誘いを受けるのだ。

釣りを始めてそんなに経っていない私にとって、それは夢のような話だった。正直なところ、「私でもいいの？」という思いもあった。しかし、「このチャンスを逃したら、二度とこんな機会はやってこない」と考え直し、私はすぐに「ぜひ参加させてください」と返事をした。

こうして私は、2019年の6月にブラジルのアマゾン川で開かれる釣りの国際大会に出場することになる。

すでにこのころは、数度にわたってマレーシアやアメリカに釣り旅に出掛けていたので、外国での釣りにもずいぶん慣れてきていたと思う。

一方で、不慣れな部分もたくさんあった。その最たるものが現地でのコミュニケーションであり、毎回のように言葉の壁に阻まれて苦労していた。

初めて訪れる外国で言葉が十分に通じないことは、いつも私を不安な気分にさせる。しかし、そんな不安も釣りに行けるとなると、どこかに吹き飛んでしまうのがいつものパターンだった。

「アマゾン川に早く行きたい」

「来年は必ずアマゾン川に行く」

来る日も来る日も、私はアマゾン川のことばかり考えていた。

そしていよいよ、アマゾン川を目指して出発する日がやってくる。

私以外の参加メンバーは、以前に淀川にバス釣りに行ったときに声を掛けてくれたバスプロの秦拓馬さんと、バス釣り界のレジェンドとも称される並木敏成さんだった。

秦さんは釣りを始めたばかりのころ、淀川でのバス釣りで偶然出会ったあの釣り人だ。

あのときはこんな形で再会するとは思いもよらなかった。

大会を前にしてのしかかるプレッシャー

この大会の正式名称は「グレートアマゾンワールドフィッシングラリー」（略称：グレアマ）という。大会の内容は、アマゾン川の決められた水域で指定された魚を狙い、その釣果を競うというものだった。

並木さん、秦さん、私の３人が正式に代表チームのメンバーとなった。


それにしても、こんなに目まぐるしく自分の夢が次々と叶ってしまう状況に戸惑いも感じていた。

なにしろ2年前までの私は、釣りのことなど何も知らなかったのだ。そんな自分が日本代表としてアマゾン川でフィッシングラリーに参加できるのだから、人生、一寸先は何が起きるかわかったものではない。

グレアマへの参加は、現在に至っても、人生のなかで最も心に刻まれた出来事だったと言っていいだろう。嬉しいとか、幸せとかいう次元の話ではなく、奇跡が起きたくらいの衝撃だった。

出発当日は、家の近くの関西国際空港からまずは羽田空港に飛んだ。そこからアメリカ・テキサス州のダラス・フォートワース国際空港で乗り換えをし、ブラジルのゴイアニアを経由して、首都ブラジリアに向かう。

さらにそこからはバスに8時間くらい乗り、ようやく大会会場であるゴイアスに到着した。日本を出てから四十数時間はかかったと思う。

道中は、大会が始まるのが楽しみな一方で、プレッシャーもかなり感じていた。その理由は、日本代表に選ばれてからというもの、「マルコスって誰？」「なんであの子が代表に選ばれたの？」という周囲の声を何度も聞いていたからだ。

そうした声を聞きながら、自分自身でも「そらそやろな」と思っていたので、反論はまったくできない。

仮に反論をするなら、大会で活躍し、実力を見せつけないといけない……。そう考えて、やたらと張り切っていた。その反動で、アマゾン川にいざ向かう段になって、猛烈なプレッシャーに押しつぶされそうになる。

ただ当時、世界で怪魚を釣りまわっている単身の女性は私しかいなかったとも思う。

日本とは別世界

大会会場となっているエリアは、アマゾン川沿いに開拓された村のようなところだった。ブラジルは、地理的に言うと日本とはかなりかけ離れた位置にある国だ。それは以前から知っていたが、今回、アマゾン川での大会に参加して、地理的な位置だけでなく、言葉や人々の考え方についても日本とは大きくかけ離れていることを痛感させられた。

大会の期間は5日間だった。その前日に練習日があったので、現地の人にボートを操舵してもらい、競技が行われる水域をボートで回った。大会では、チームのメンバーがそれぞれ別々のボートに乗り、魚を狙っていくというルールが適用される。

困ったのは、ここでもまた言葉の壁に阻まれてしまったことだ。今からポルトガル語を覚えるわけにはいかないので、必死にジェスチャーをして、私はボートを操舵するパイロットに自分の行きたいところを伝えようとする。ところが、どういうわけかこれがまったく通じない。それまでに訪れたマレーシアやアメリカではどうにか伝わったジェスチャーが、まったく通用しないのだ。

「あっちに行きたい」と思い、指をさしても「あっち」に行ってくれない。「喉が渇いたから、水を飲みたい」と思い、何かを飲むしぐさをしてもわかってくれなかった。

（やっぱり日本からはかけ離れたところに来てしまったんだな）

そんな思いが大きくなるばかりだった。

それでもめげずにジェスチャーを使うものの、ボートを操縦する現地の人とのコミュニケーションはなかなか取れず、私たちは前日の段階から苦戦を強いられたのだ。

順調な成績を残す並木さん

「こんな状態で釣りなんてできるのかな……」

そんな不安を抱えながら、私たちは大会初日を迎える。

最初にクリアしなくてはならないのは、パイロットの問題であった。コミュニケーションを取るのが難しい人だと、かなりのマイナスになってしまう。

競技のルールには、ポイント制が導入されていた。魚種によってポイントが定まっており、例えば、ブラックバスに似たツクナレという魚は10ポイント、アロワナは20ポイントという具合に、その魚種の大きさと釣り上げる難易度によってポイント設定がなされている。

また、大会の進行としては、合図と同時に競技がスタート。その後、終了時間までにメイン会場に戻ってきて、その日の釣果を審査員に報告してポイントの計算をするという流れになっていた。

大会初日、私はツクナレを2尾釣り上げて、なんとか20ポイントの獲得に成功する。一方、並木さんは初日から桁外れの結果を残していた。16尾ものツクナレを釣り上げて、個人成績でダントツの1位に躍り出たのだ。

残る秦さんは、終了時間の午後5時が近づいているのになかなかメイン会場に現れなかった。結局、5時になっても戻らず、その日の秦さんは失格になってしまう。

5時をかなり過ぎたところで、ようやく秦さんが「ホンマに参ったよ」という表情をして戻ってきた。

事情を聞くと、帰る途中でボートのエンジンが止まってしまったらしく、戻って来られなかったとのことだった。つまり秦さんのミスではなく、パイロットのミスだったのだ。集計されていたら高ポイント獲得は確実だった。ところが、遅れた理由を聞き入れてもらえず、失格になってしまった。

結果の出せない初日

大会の中のドタバタは、ボートのトラブルだけでは収まらなかった。各国の選手たちによって、ライバルチームの釣りのスタイルに対する異議申し立てやチーム間の口論なども起きた。そうした出来事のなかで、他国のチームの女性メンバーから挑発的なことを言われたりもした。

そんなぐちゃぐちゃな状況になり、私のほうも悔しさから「わーっ」と泣き出して、その場から逃げ去ってしまうほどだった。

こうしてトラブル続きの初日が終わる。同じチーム内で亀裂が走り、喧嘩しているチームも多々あり、5日間の試合中に平穏な日は1日もなかったといえる。

驚きの大会結果

前日の大騒動の余韻を残したまま、私たちは大会2日目を迎えた。

一時はどうなることかと思ったが、これが不思議なもので、初日の出来事がなかったかのごとく、大会は執り行われていく。

そのおかげで、並木さんも秦さんも実力を発揮でき、着実にポイントを稼いでいった。いまいち結果を出せていなかった私は、同じチームのプロの2人にアドバイスを受けながら、少しずつ調子を上げていく。

一方、秦さんは、今までルアーで釣り上げた人はいないと言われるピライーバに焦点を絞り、釣りを続けていた。ピライーバのポイントは200点であり、大物狙いで一発逆転、一番になろうと考えたようだ。

同じ日本チームのメンバーとして戦いながら、私たちは個人としても競っており、各自が戦術を考えて釣りに挑んでいた。数釣りをする並木さん、数釣りをしながら、大物も狙う私、そして大物だけを狙う秦さんと、それぞれが自分の釣りに集中していく。

並木さんも秦さんも、やはりプロなので、釣りの知識も技術もしっかりと体得している。さらにそれを応用して、色々なテクニックを駆使していた。私との実力の差は歴然としており、それが結果にも如実に表れていた。

（もう私、無理やって。全然釣れてない……。このままやったら、ヤバい）

初日と2日目は特にこんな調子で、焦る一方だった。

それでも途中から巻き返して、私は徐々にポイントを伸ばしていった。

その結果、3日目を終えた時点で、私は個人成績で第4位にまで上り詰める。

あるとき、並木さんと釣果が僅差になり、並木さんに「俺もマルコスに抜かされるんじゃないのか」と冗談交じりに笑いながら言われたこともあった。私は内心「抜かすにきまってるやろ」と真剣に思っていた。

そして競技の全日程が終了し、私はどうにか5位に食い込むことができた。

一方、並木さんは堂々の1位に輝く。途中から成績よりも大物狙いに焦点を絞った秦さんは、猛烈な巻き返しを遂げて4位に収まった。

それぞれが好成績を残せたおかげで、私たち日本代表チームは第1回グレートアマゾンフィッシンググラリーの優勝チームの座を見事に射止めることができた。

最後に驚いたのは、なんと私が、第1回「アマゾンクイーン」という栄えある賞に選ばれたことだ。

個人成績について言うと、並木さんの1位獲得には特別な価値がある。最終日の朝、並木さんはトラブルに見舞われていたからだ。開始5分前、それまで並木さんと一緒に組んで協力しながら試合に挑んできたパイロットが、どうしたことか姿を現さなかったのだ。

これはさすがに信じられない出来事だった。

仕方なく、並木さんは急遽代理で呼ばれたパイロットと最終日の競技に挑んでいた。

また絶対に行きたいアマゾン川

こんな調子の怒涛渦巻く感じの大会ではあったが、日本を離れてアウェイで戦う際の現実を思い知らされ、勉強にはなった。

文化も習慣も異なる国の人たちが集まって競う場では、日本の常識は何も役に立たない。そのことを直に体験できただけでも貴重だったと思う。

色々あったが、いい経験になったのは間違いない。勝つためには手段も選ばないという各国チームの〝必死さ〟も、その熱意の部分は見習ってもいいのかもしれない。

大会を振り返ってみると、結果にはやはり悔しい思いが残っている。日本代表チームとして出場していたが、私は個人としての成績にもかなりこだわっていた。

複数の国からプロの人たちが集まる大会で、私は真剣に「1位になるぞ」と思って臨んでいたのだ。個人となれば、チームメイトの並木さんも秦さんもライバルだと考えていた。相手がプロだからとか、自分は女だからとか、釣りを始めてまだ2年とか、そういうことをすべて蹴散らして、「絶対に1位を獲ってやる」という意気込みだったのである。

結局のところ、私を含めて、参加者全員がそれぞれ「本気」で戦った大会だった。趣味で釣りをしているというよりも、スポーツ選手か何かになったような気がして、1尾でも多く釣り、1投でも多く竿を振りたいという感覚だった。

短い期間だったが、それまで釣りをしてきて、正直、そういう体験をしたことはない。私はブラジルで、普段どおりの釣りをしているだけでは絶対に味わえない経験をしたのだ。しかも、アングラーにとって垂涎の的であるアマゾン川でそれができた。

（自分の人生のなかで間違いなく一番大きな戦いだった）

あの大会を振り返るたびにいつもそう思い、またあの場所で他国の人たちと真剣勝負に挑みたいという衝動に駆られる自分がいる。

第5章 やっぱり釣り旅は最高！

海外での釣り旅中の楽しみ

様々な土地で魚を釣っている動画をアップしているが、これまでの動画で一度も映したことのない釣り以外の楽しみが私にはある。

その楽しみとは、アイスクリームを食べることだ。特に海外で食べるアイスクリームは私の旅に欠かせない。

数々の種類があるなかで、一番好きなのはバニラのアイスクリームだ。フルーツ系やチョコレート系があったとしても、私はそれらをほとんど食べない。

アイスクリームといっても、一定量の乳固形分や乳脂肪分が含まれているアイスクリームのほかに、アイスミルクやラクトアイスに分類されるアイスがある。もちろん私の好きなのはアイスクリームで、海外に行くとこれを好んで食べている。

外国のなかで一番アイスクリームがおいしいと思うのは、何と言ってもアメリカだ。アメリカは「アイスクリーム大国」と言っていいほど、最高の環境が整っている。アメリカ入国後に私が最初にすることは、釣りではなくアイスクリーム屋に行くことなのだ。街中のアイスクリーム専門店だけでなく、モールのなかに入っているハーゲンダッツやバスキン・ロビンスでもよく食べる。動画でアップしたことがないので想像がつかないかもしれないが、映っていないところでは結構、アイスクリーム屋巡りをしている。毎日毎日釣りをしながら、「今日はどこでアイスクリームを食べようかな」と考える……。海外への釣り旅では、このサイクルが楽しくてたまらない。

初めて訪れる土地では、どこにアイスクリーム屋があるのかわからないので、スマホで調べてそこに行く。近くにない場合も多いので、その際にはウーバーでタクシーを呼んでアイスクリームを食べに行ったこともある。

ＹｏｕＴｕｂｅを始めたばかりのころは、お金の余裕がなくて節約しなくてはならなかった。ところがアイスクリームのことを考えると、目がくらんですぐに財布のひもが緩くなってしまう。そうならないように、いつも気を引き締めなくてはならないほどだった。それほど私はアイスクリーム好きなのだ。

アメリカは天国のようなところ

アメリカのアイスクリームはおいしいだけでなく、半端なく量が多いのも特徴だ。

以前、ニュージャージー州のモール内のフードコートのソフトクリーム屋でアイスクリームを注文した。すると、「それ、アイスクリームの入れもんと違うやん」というくらいの大きなサイズのカップにバニラアイスクリームを〝ぶわー〟っと詰め込んでくれたことがあった。さらに、イチゴソースとキャラメルソースを〝だぁー〟っと掛けてくれたのだ。大きなカップが具体的にどれくらいのサイズかというと、映画館でポップコーンを入れるカップとほぼ同じ大きさだった。それだけの量のアイスクリームを手にしたら、テンションが上がらないわけがない。もう最高に幸せだった。

ただし、値段もそれなりにする。確か20ドル（約2200円）近くはした。それでも「アメリカに行ったら、絶対に食べなくては」という固定観念があるせいで、自制心が働かなくなり、毎回食べてしまう。

アリゾナ州では珍しいアイスクリームを食べたことがある。釣りを始める前、アパレル関連会社の仕事でアメリカを横断していたころのことだ。

ルート66をたどってグランドキャニオンを目指して砂漠地帯を走っていると、道路沿いにコーヒーショップを見つけた。映画の舞台になりそうな雰囲気に引かれ、立ち寄ってみることにした。

店に入り、メニューのなかにアイスクリームがのったパフェがあるのを確認すると、私はいつものようにすぐ頼む。するとそのパフェのなかにベーコンビッツが入ったものが出てきたのだ。疑心暗鬼になりながらそれを食べてみると、カリカリしたベーコンとアイスクリームが絶妙にマッチして、めちゃくちゃおいしい。その斬新さには本当に驚いた。

「アメリカの食べ物はおいしくない」と言う人もいるかもしれない。だが私の場合、アメリカの食べ物がとても口に合う。

ジャンクフード的なものも好きだし、甘いものも大好きなので、毎日のように、ピザやハンバーガー、フライドチキン、そしてアイスクリームを食べ続けていても飽きない。私からしたら、アメリカはもう天国のようなところで、何を食べてもいつも満足できる。食の面から見ても、アメリカは私のお気に入りの国なのだ。

アメリカは本当に広いし、いろんな魚がいっぱいいる。海釣りもいいし、内陸の川や湖沼での釣りも魅力的だ。

食も釣りも文句なしのアメリカには、これからも頻繁に出掛けていくことになるだろう。もちろん、そのときの様子はしっかりと動画に収めるつもりなので期待していてほしい。

人との出会いは釣り旅の醍醐味の1つ

信じられないくらい大勢の人たちに出会えるのも、釣り旅の魅力の1つ。

仮に釣りをしていなかったら、出会うことがなかったような人たちに巡り合えるため、「釣りを始めて本当によかった」といつも思う。

リア凸で知り合えた人、釣り場で出会った人、海外でガイドをしてくれた人、宿泊先のホストだった人など、実に多くの人たちに出会うことができた。

それらの人たちのなかでも、マレーシアにトーマンを釣りに行ったときのガイドだったエディは、やはり私にとって重要な人物だ。

トーマンを釣りに行った旅では、合計で9日間ほどマレーシアに滞在した。その間、エディは釣りのガイドだけでなく、私が退屈しないように動物園や映画館、公園に連れて行ってくれた。その優しさと熱心さには圧倒されるばかりだった。

すべてについて真剣かつ熱いエディからは私を楽しませようという気持ちが常にびしびしと伝わってきて、彼に対する好感度と信頼度は一気に上がっていったのだ。

私がその後、世界の怪魚釣りにどっぷりとハマったのも、エディがあそこまで熱いサポートをしてくれたおかげだと思う。

「女1人でも外国に行って釣りができるんや」

「怪魚釣りって、こんな楽しいんや」

エディは私にそう感じさせてくれた張本人である。空港での別れ際、私は突然、「うわー」っと号泣し、エディを驚かせてしまうほどだった。

マレーシアに行くまでは、現地のガイドに対してそこまで思い入れが深まるとは想像もしていなかった。それだけに、これには自分でもびっくりした。

現地で出会った人たちの親切心、そして訪問者をもてなそうという温かい気持ちにはいつも感動させられる。

釣りを堪能する一方で、現地の人たちと貴重な交流を持てるのだから、これほど楽しいものはない。そして、そう思えるきっかけを与えてくれたのは、間違いなくエディなのだ。彼に出会っていなかったら、怪魚釣りにハマっていなかったかもしれないし、1人旅を続けようとも思わなかったかもしれない。エディには今でも感謝の気持ちを抱いている。

〝珍騒動〟も起こり得る海外旅

ここまでは海外への釣り旅のいいことばかりを述べてきた。しかし、細かく見ていくと〝バラ色〟ではない出来事にも遭遇するのが海外旅だ。

「なんだ、悪いこともあるんじゃないか！」と思っただろうか？　そう、時には悪いことも起こる。

まずは、アメリカのテキサス州で体験した出来事について話そう。

テキサス州のダラスに滞在予定だった私は、Ａｉｒｂｎｂを利用して事前に部屋を予約していた。そこの家主の40代と思しき男性がちょっとヤバい人だった。

当時、レンタカーを借りられるほどの余裕がなかった私は、釣り場まで歩いたり、タクシーを使ったりしていた。ところがある朝、それを見かねた家主が、「今日はどこに行きたいの？　送っていってあげるよ」と言ってくれたのだ。節約する必要のあった私としては、彼からの申し出は実にありがたく、素直に「いい人だな」と思った。ところが、彼には下心があったのだ。

「今日はここの池に行きたいんだけど……」

そう伝えると、彼は「わかった。送ってあげるよ」と言う。

だが、そこに行くまでの車中で様子がおかしいと気づいた。

運転中の彼が、「あとどれくらい滞在するんだっけ？」と尋ねてくる。私はすぐに、「あと2泊します」と答えた。すると、「じゃあ、その間だけ、僕たち恋人同士にならないか？」と言い寄ってきたのだ。

（うわぁ、気持ちわるーー！）

私はとっさに「ノー、ノー、ノー、ノー！」と叫び、断固として拒絶した。

「私、この人の家にもう泊まれないな」

瞬間的にそう思った。

しかし、今から宿を変えるとなると、移動する手間がかかるだけでなく、予定も大幅に狂ってしまう。そこで仕方なく、気持ち悪さをどうにか堪え、隙を見せないようにして泊まり続けた。

幸い、滞在中は何事も起こらなかった。とはいえ、こうした場面に出くわしたりするので、海外への釣り旅は気がまったく抜けないのだ。

やっと見つけた予想外の寝場所

アメリカでは、もう1つおかしな体験をした。フロリダにサメを釣りにいったときのことだ。

宿を選ぶ際、私はいつも冒険心をかき立てられ、安めの宿に挑戦することが多い。だが、宿が見つからなくて焦ることもある。

（こうなったらもう野宿するしかないかな。でも、アメリカで野宿するのはちょっとヤバいよな……）

どこも見つけられなくて困っていると、「1泊10ドル」という破格の宿泊先をAirbnbで探し当てたのだ。「これ、めちゃいい」と思った私は、すぐにこの物件に飛びついた。

しかし、安さには常に何かしらの理由があるものだ。そして案の定、この場所にも「理由」があった。

「今晩、泊まれますか？」

宿泊先にメールを送ると、「泊まれますよ」との答えが返ってきた。ただし、「ベッドがないけど、大丈夫？」というコメントが添えられていた。

（ベッドがない？？？　そんな部屋もあるんや……）

残念ながら、どういう状況なのかを尋ねるだけの英語力はなく、「安いから仕方ないか」と納得して泊まることにした。そのときはまだ、家主が部屋の一部を貸してくれるのだろうと想像していた。

スマホのナビを頼りに、宿泊先に向かう。建物の入り口のベルを鳴らすと、ドアが開き、若い女の子が出てきた。

（女の子でよかった！）

まずは一安心する。

「こっちだよ」

そう促され、階段で2階に上ると、部屋のドアが見えた。この時点で当然、部屋のなかに入れてくれるものだと思っていた。

ところが、その考えはすぐに打ち砕かれた。女の子の表情が急にきっぱりとしたものになったかと思うと、踊り場に突っ立っていた私に向かって言ったのである。

「ここだよ」

状況が理解できずに固まっていると、女の子は踊り場の床を指差しながら、「あなたが泊まる場所は、ここ」と念を押すかのように教えてくれた。

（ああ、こういうことか……）

そこでようやく「1泊10ドルの理由」が判明した。

女の子の心の葛藤

その踊り場の広さは、ちょうど畳1枚くらいの広さだった。それでも野宿をするよりは断然ましだ。すぐに「屋内に場所が確保できただけでありがたい」と思い直すことにした。おそらくその女の子は、自分が借りているアパートのドアの前の踊り場を〝又貸し〟していたのだろう。「よく考えるなぁ」と感心する。

荷物を隅に置いて休んでいると、女の子が部屋から出てきて、「ヨガマット、使う？」と聞いてくれた。おそらく気の毒に思ったのだろう。私は、喜んで借りることにした。

その女の子は、何かと優しい人だった。少し経つと、ウクレレを手にしながらまた部屋から出てきて、「私、ウクレレできるから弾いてあげるよ」と言ってきたのだ。

四角いドアの敷居に立ってウクレレを弾き、それに合わせて快活に歌をうたう女の子の姿を、踊り場で膝を抱えて座り込んだ私が見上げる。それはとてもシュールな時間だった。

奇妙な状況とはいえ、女の子が悪い人ではないのがわかったので、大きな心配はない。

そのまま何事もなく夜になったため、明日に備えて私はすぐに寝ることにした。

この間、ドアの向こうの女の子は、心の葛藤と戦っていたのだと思う。

(遠くはるばる外国から来た女の子を踊り場に放置したままでいいのか……)

私がやって来たことで、女の子は気持ちが落ち着かなかったのであろう。夜遅くに部屋から出てくると、寝ている私を揺り起こした。

「私、別の部屋に行くから、ベッドで寝ていいよ」

そんなことを言うと、私を自分の部屋に招き入れ、ベッドで寝かしてくれたのだ。当の本人は、同じ建物内に住む友だちのところに行ったようだった。

最終的に女の子に気を遣わせてしまい、申し訳ない気持ちでいっぱいのＡｉｒｂｎｂ滞在となってしまった。

台湾男子と釣りに出掛けると……

台湾に初めて釣りをしに行ったときも、おかしな展開になった経験がある。

このときもホテルには泊まらずに民泊を利用した。

予約が完了して宿泊先に向かおうとすると、行き方があまりにも複雑すぎて、なかなかたどり着くことができない。そこで、「迷子になっているから助けてほしい」とホストにお願いした。すると、ホストの女性のお兄さんがわざわざ迎えに来てくれることになったのだ。

目的地に着いてみると、そこは超豪華なタワーマンションだった。

家に入り、「釣りをするために台湾に来ました」と説明すると、どうやらお兄さん（チンさん）が私のことを気に入ってくれたらしく、次の日からずっと私の送り迎えをしてくれるという。最初は遠慮をして断ったのだが、「大丈夫だから」と言うので、私はお言葉に甘えることにした。

そこまではよかったのだが、私たちは言葉でコミュニケーションを交わせないことが判明する。台湾は日本と同じで、英語を話せる人が少ないのだ。しかも、私は台湾語を話せない。そのため、チンさんとはジェスチャーを使って意思疎通をすることになる。こうして私たちの珍《チン》交流が始まった。

初日、チンさんの車で釣り場に着くと、「謝々！　頑張って釣りしてきます」とジェスチャーを交えて伝える。

「再見。バイバイ！」

続けてそう言うのだが、チンさんは帰ろうとせず、車を釣り場に駐車する。どうするのかなと不思議に思っていると、「僕も一緒にやる」というようなことを言い出して、うしろからついて来るのだ。

「まあ、いいか」と思って歩き始めると、チンさんは私の重い荷物に手を伸ばし、それを持ってくれた。それだけでなく、どこからか日傘を取り出すと、私のためにさしてくれたのだ。

「えーっ、大丈夫だよ。私、1人でできるから！」

慌ててそう言うものの、言葉が通じないのでちゃんと理解してもらえたのかわからない。重い荷物を抱えたチンさんは、汗だくになりながら微笑むだけだ。

結局、彼は私につきっきりで、うしろのほうから日傘をずっとかざしてくれた。私はもう、恐縮しっぱなしである。お嬢様にでもなったような気分を味わえたが、最後までどうにも落ち着かなかった。

チンさんの優しさに触れる

最初に行った場所での釣りが終わったので、さすがにチンさんも帰るだろうと思っていると、すかさず「次はどこに行く？」というジェスチャーを見せてくる。

そのころには私も少し図々しくなってきて、「じゃあ、次ここ行きたい」と言って、スマホの地図を見せた。すると、チンさんはすぐにそこに連れて行ってくれる。

そんな調子で1日中一緒にいたら、言葉もろくに交わせないのにとても仲良くなった。

釣りを一度もしたことがなく、釣りについて何も知らないチンさん。それでも「何かしてあげたい」という親切心から、私に付き合ってくれた。

実はその日の朝、「送迎代やガイド代は払います」と事前に伝えていた。ところが、「そんなのはいらないよ」と断られていたのである。

私のことを気に入ってくれたという理由があったのかもしれない。それがあったとしても、あれだけ熱心に世話をしてくれるのは、他人への思いやりがあるからだと思う。

その日は、釣りのあとに一緒にご飯を食べて、「じゃあ、帰りましょう」という流れになるはずだった。暑かったせいもあり、私もチンさんもかなり疲れていた。

ところが、食事を済ませて帰ろうとしたら、チンさんが「今日は1尾も釣れなかったじゃないか。最後にもう1カ所だけ行こう」と言い出して、私から最後のやる気を絞り始めたのである。

これにはさすがに驚いた。1日中、釣りを続けた私はくたくたで、「明日もあるし、今日は帰ろう」という気分だった。一方のチンさんは、私に連れ回されただけでなく、ずっと荷物を持たされて、私よりも疲労を感じていたはずだ。にもかかわらず、「最後にもう1カ所だけ行こう」「あきらめんと、行こうぜ」とやたらと力を込めて伝えてくれたのだ。それを聞き、私のほうも鼓舞されて、行こうという気持ちになった。

すでに夜中になっていたが、私たちは昼に訪れた釣り場に戻ると、最後の釣りを開始した。ところが結局、その日は1尾も釣れずに終わる。

それでもチンさんの優しさに触れられた私は大満足だった。彼には感謝しても感謝しきれないくらいお世話になった。

フライト中に起きた〝謎肉事件〟

乗り物のなかで私が一番好きなのは飛行機だ。それだけに、飛行機に乗るときはいつもわくわくする。

アメリカへ向かう途中、夜中に「右手にオーロラが見えます」という機長からのアナウンスが流れ、窓のシェードを上げたらオーロラが瞬いていたことがあった。こうした機会が得られるのも飛行機による移動ならではだ。

しかし、いくら飛行機が好きとはいえ、毎回快適とは限らない。

十数時間も乗らなくてはいけないときに風変わりなアジア人のおじさんの隣席になり、困った経験がある。

そのおじさんは、私の隣に座ると持ち込み手荷物から食べ物を取り出し、なぜか突然食事を始めた。まあ、それについては個人の自由だから、文句は言えない。ただし、手荷物から取り出した食べ物があまりにも驚きのものだったので、私は唖然としたのだ。

おじさんは、ナイロンの袋に入った肉の塊とご飯を取り出して、それをむしゃむしゃと食べ始めた。その肉は見た目では何の肉かわからず、実に不思議な謎肉であった。

離陸してしばらくすると、機内食の時間がやってきた。私のところにも食事が運ばれてきて、さっそく食べ始めた。すると、隣のおじさんがまたもやナイロンの袋から謎肉の残りを取り出して、機内食と一緒にむしゃむしゃと食べ始めたのだ。

私はあまりそちらのほうを見ないようにして食事を続けた。ところが、おじさんは私のほうを向くと、「おまえもこの肉を食べてみろ」と強引に迫ってきたのである。

そこからは、「結構です」「いや、いいから食べてみろ」というやり取りが続く。そして最後には、おじさんが無理やり私のお皿の上に謎肉を載せてきたのだ。

もちろん私は、その謎肉には手を付けなかった。

（それにしても、このおじさん、何やの？）

目的地に着くまで、まだたっぷり8時間以上はある。私は奇妙なおじさんの隣にいることに恐怖を覚え、不安になる一方だった。

すると、私たちのやり取りを見ていた乗務員の人が「お席を移動なさいますか？」と助け船を出してくれた。こうして私は別の席に移動ができた。

それにしても、あれは何の肉だったのか……。いまだにその謎は解けておらず、謎肉は謎肉のままで記憶に残っている。

こうした〝珍事件〟も時に発生するが、私は飛行機に乗るのが大好きだ。

シャイなマレーシア人男性

再びマレーシアの話をしよう。

マレーシアに行ったときは、とにかく私のような外国人旅行者の扱いが神対応で、感動的なくらいだった。

宗教の影響か、慣習なのか、レディーファーストが徹底していて、私のために色々と献身的に尽くしてくれる。

（マレーシアって、こんな国なんだ！）

慣れるまでは本当に驚きの連続だった。

レディーファーストが基本なため、いつも前を歩かなくてはいけない。私はそれに慣れていないので、逆に歩きにくいくらいだった。

現地ガイドだったエディは、いつでも荷物を持ってくれるし、「何か欲しいものはないか？」「何かしたいことはないか？」といつも尋ねてくる。お金に関しても、不当な請求をしてくることもないし、食事はすべてご馳走してくれた。

現地のマレー人たちは、控えめでとてもシャイだ。

釣りに出掛けていったとき、1日中ボートを操舵してくれた若い男性にお礼のつもりで握手をしようとしたら、手を引っ込められて断られたこともあった。別れ際には、それまですごく仲良くしゃべっていたのに、ものすごく寂しそうな顔をして目も合わそうとしない。何かちょっと独特な雰囲気で、とても惹かれた。

女の人たちは、髪の毛を隠すために頭にヒジャブを被っている。これも独特な雰囲気だった。総じて言えるのは、男性も女性もすごく優しいということだ。私が女性だからなのか、それとも日本からきた旅行者だからなのかはわからない。

いずれにしても、外国に出掛けていって、あそこまで親切に接してもらったのは初めての体験で、特別な人になってしまったかのように錯覚してしまうほどだった。きめ細かい気遣いを常に感じながら、実に快適な旅行ができた。

マレーシアで特徴的だった事柄の1つに、トイレがあった。トイレにはホースがついていて、用を済ませたあとにはホースから水を出して自分の手できれいにするのだ。

これにはさすがに面食らった。とはいえ、郷に入れば郷に従え。トイレットペーパーの心配をいちいちするのが面倒になったこともあり、3日目からは私も手でお尻をきれいにするようになった。

終わったあとは、手をしっかりと洗うので、かえって毎回きれいになったような気がする。日中、ずっと釣りに出ていたときには、言われるままに川のなかでトイレをすませてしまうくらい、現地に馴染んでいった。

ごはんを食べるときも素手を使うのがマレーシア流。と言っても、トイレは左手、ごはんは右手と分けて使うので、ごちゃまぜにはならない。

素手を使ってごはんを食べるのは、初めは難しいが、人差し指から小指までの4本をくっつけてその上に食べ物を置き、親指の先を使って押し出すという動作を覚えてしまえば、あとは上手に食べられる。これらができると、「何なら私もマレー人？」という気分になれるので、マレーシアを訪れた際にはぜひ試してほしい。

街中や宿泊先の周りに猫が多かったのも印象的だった。

田舎には衛生面で行き届いていないところもあったが、市街はどこも清潔で過ごしやすい。マレーシアは想像よりもかなり発展していて、滞在中は何の不自由も感じなかった。

マレーシアとは異なるブラジルのスタイル

マレーシアとは対照的だったのがブラジルだ。ブラジルはマジで、すごかった。

例えば男の人。イケイケ過ぎてびっくりした。会ったばかりなのに、挨拶のときにハグをしてきたり、背中や肩に手を添えてくる。それ以外にも様々な場面で、女性に対して驚くほど積極的なアプローチをしてくるのだ。

ただしそれは普通のことで、必ずしも相手に特別な感情があるわけではないようだ。

ブラジルの人は負の感情を長引かせない性格なのか、実にあっさりとしている。

例えば、グレートアマゾンワールドフィッシンググラリーの大会中、私はブラジル代表の女子と釣りの仕方を巡ってバチバチの関係になったことがあった。ところが、大会が終わると、何もなかったような笑顔になって、私にハグをしにきて健闘を称え合うような態度を見せるのだ。

大会中はやたらとネチネチするような言動を繰り返していたのに、その変わりようには唖然とするばかりであった。熱しやすく冷めやすいというのか、その変わり身の速さはなんとなく自分と似ていて好感を覚えた。

台湾人の気遣い

台湾も私のお気に入りだ。

台湾の言葉は、会話だけを耳にすると、ちょっときつめに聞こえてくる。ところがスマホの翻訳機能を使って相手の言っていることを日本語に変換すると、実は親切なことを言ってくれているのがわかり、ホッとしたことが何度もある。日本や日本人に対してとても友好的なので、1人旅でも不安になることは一度もなかった。

台湾では釣りをしている途中で雨に降られてしまったことがあった。すると、近くで釣りをしていた人がわざわざ私のために自身の合羽を持ってきてくれたのだ。こういう気遣いは外国から来た旅人の心を癒やしてくれる。

有料の釣り堀で釣りをしたときも、敷地内の食堂でご飯を食べていたら、「あなた日本人？　日本から来たんだよね？　じゃあお金いらないよ」と言ってくれたこともあった。私が「ちゃんと払いますよ」と言っても、最後までお金を受け取ってくれない。日本ではこんなことはまずあり得ないだろう。そういうことが起こり得るのが台湾なのだ。

やっぱり、人という観点で見ると、アジアの国々が私のお気に入りだ。

おそらく世界はどこに行っても「いい人」だらけ

日本国内でも、外国でも言えることなのだが、旅先で人との出会いに恵まれるたびに、「人間ってホント、すごいな」と感心する。

そもそも私という人物は、たまたまその場にいた見知らぬ存在にもかかわらず、一度意気投合した途端、相手は心を全開にして接してくれたりするのだ。そうした人に出会うたびに、旅に出てよかったと心底思う。

旅をしていると、ごく稀に嫌な場面にも遭遇する。しかし、それらはほんの一部で、実際には親切な人に出会ったり、いいことに遭遇したりするケースがほとんどだ。それらの経験は、お金では絶対に買えない。

海外旅行に出掛けるまでは、「海外では外国人から『お金』を取ることばかり考えている人が多い」と想像していた。しかし、それは単なる私の偏見だった。

実際に行ってみると、「見返りも求めずに、どうしてここまでしてくれるの？」という人たちがたくさんいる。

確かに、いいことばかりではないし、悪い人にばかり巡り合ってしまう人もいるだろう。しかし私の個人的な経験から言うと、世界には「いい人」のほうが圧倒的に多いという実感がある。


これまでの旅でいい人たちとの出会いを重ねるうちに、私個人としては「果たして自分は他人に対してここまでできるだろうか」「自分も他人のために何かができる人間にならなあかん」と考えるようになった。

思うのは簡単でも、いざ実行するとなると難しいものだ。それでも「少しでもその域に近づこう」と自らに言い聞かせている。普通に生活していたら、こんな心境になることもなかったかもしれない。

自分の好奇心を満たすために始めた怪魚釣りの旅なのにもかかわらず、期せずして、釣り以外のところで学ぶことが本当に多いのだ。

第6章

怪魚ハンター、釣りの流儀

マルコス流の釣りスタイル

私はこれまでほぼ独学で、釣りのやり方を覚えていった。釣りが好きな友だちもいなかったので、わからないことがあれば、動画を見て、その都度、疑問を解決していった。そのため、私の釣りは自己流で固められている。

こうした事情があるので、正直言って、釣りの知識が豊富なわけではない。例えば、糸と針の結び方は最初に覚えたユニノット（釣りでは、釣り糸を針やルアーなどと様々な形で結んだりする。この結び方をノットという。ユニノットは、釣り糸とルアーなどを比較的素早く簡単に結ぶのに適した方法）やFGノット（PEラインと呼ばれる釣り糸と、魚の歯などで釣り糸が切れるのを防ぐショックリーダーを結ぶ方法）しか知らず、それだけでこれまで各国を巡り、釣りをしてきた。

しかし、それで何か問題があったかというと、特になかった。色々な結び方があるのはもちろん知っている。しかし、たった2つの結び方しかできない私でもこれまでに、何十種類という怪魚をキャッチできたので今のところ問題はないと思っている。

ブラックバスから釣りの世界にハマっていったため、私の釣りの知識はバス釣りがベースだ。

先日、近所の川にコイを釣りに行ったが、その際に私が使った竿や針はすべてバス釣り用のものだった。それでもしっかりと釣れたので、究極のところバス釣り用でも構わないという考えだ。

コイ以外の魚を釣る際にも、チヌを釣るからといって、チヌ針を使ったりしないし、アジ釣りのためにアジングの針を使ったりもしない。基本、何を釣るにもバス釣り用の道具を流用してしまうというスタイルだ。

さすがにアジ釣り用のタックル（竿や仕掛けなど、魚を釣る道具全般のこと）でマグロを釣ろうとするのは無謀だと思う。大物を狙うのであれば、それに相当する仕掛けや道具を使う必要があるのはもちろんのことだ。ただし、最低限のこと（無理なく魚をキャッチできること）をクリアできていれば、どんな道具でも使い回しはできるんじゃないかと思う。

キャスト方法についても、バス釣りで覚えたやり方を海釣りでも応用している。バス釣りの場合、オーバーヘッドキャスト、サイドハンドキャスト、バックハンドキャストなど、色々な投げ方がある。それを基礎にして、釣り場の状況を見ながら、私は一番適した方法を試している。

バス釣りを知っていれば、ほかの釣りにも応用できるものがたくさんあるので、さほど不便を感じない。

リールもバス用のものをどこに行っても使っている。そのせいで、近所の川や海で釣りをしていると、釣り人から、「それ、バス用のやつやろ?」と言われて笑われることもある。それでも「釣れるのであれば、細かいことは気にしない」と思う。もちろん、むやみに魚を傷つけたりしない範囲での話だ。

先ほどコイ釣りの話をしたが、釣りを始めたいと考えている人がいたら、私はコイ釣りをお勧めする。

コイはどこにでもいる魚かもしれない。しかし実際に釣ってみると、引きもすごくいいし、意外と簡単に釣れる大物なのだ。

新型コロナウイルスが流行して以来、なかなか外国に行けず、身近なところで釣りをする機会が増えている。そんな状況でコイ釣りをしてみたら、私はその面白さに改めて気づいた。

コイ釣りは、竿と針、エサのパンがあれば、すぐにできる。誰もが気軽にできる〝怪魚釣り〟なので、ぜひ挑戦してみてほしい。

日本で一番好きな釣り場

現在、日本には3種類のバスが生息している。それらは、ラージマウスバス（オオクチバス）、スモールマウスバス、フロリダバスだ。

これらのうち、寒い地域でよく見られるのがスモールマウスバス。ほかの種類に比べてサイズは小ぶりだが、引きが強いので十分な手ごたえを得られる。ラージマウスバスは、比較的、日本のどこにでも生息している。

私が釣りを始めて最初に釣ったのが、このラージマウスバスだった。初めて近所の野池で釣ったときに「こんなところにもいるんや」と驚いた。

三重県との県境にほど近い奈良県の山中に池原ダムというバス釣りの名所がある。ここのダム湖の水は透明度が高くてとてもきれいで、ボートを浮かべて湖水をのぞき込むと、悠々と泳いでいるバスの姿がよく見える。岸から伸びた瑞々しい木々の枝が湖面に映し出され、その美しい景色を見ていると幻想的な気分になってくるほどだ。

私がここを訪れたのは、釣りを始めてから1カ月ほど経ったころだった。それ以来、ここは日本国内で一番好きな釣り場になっている。

釣りをしていなければ、こんな美しい場所に来ることもなかっただろう。池原ダムに足を運ぶたびに、私は「釣りを始めてよかったな」と実感する。

とはいえ、ここを訪れるアングラーの数はあまり多くない。その理由はアクセスの悪さだ。

山奥にあるため、とにかく行きづらいのである。実際、アングラーであふれているという光景を私はあまり見たことがない。日本の秘境と言ってもいいかもしれない。

こういう場所に行くようになったことも、釣りによって得られたメリットだ。

バス釣りの奥深さ

何に対しても飽きっぽい私なのに、釣りに関してはまったく飽きることがない。むしろ「もっとやりたい」という心境なのだから、いつも不思議に思う。

それにしても、なぜ飽きないのだろうか？　自分なりに考えてみた。

第一に思い浮かぶのは、釣りによって「モノを獲る」という人間の本能的な部分を刺激されるからではないかということ。魚が針に掛かった瞬間、私はいつも何とも言えない興奮を覚える。釣りは、私の体に潜んでいた本能的な部分を呼び覚ましてくれたのだと思う。私としては単に本能に従っているだけなので、いつまで経っても飽きないのだろう。


数ある釣りのなかでも、入り口となったバス釣りにはいまだに特別な思い入れがある。それほどまでにバス釣りは魅力的で、しかも奥が深いのだ。

同じバス釣りでも、釣り場によって釣り方やルアーの種類が変わるため、その都度、その場所に合った釣り方を考える必要がある。それを怠れば、いつまで経ってもバスを釣ることはできない。

ルアーの種類は、水の濁り具合やその日の天気、時間帯、温度や風向き、魚が食べているものや、魚の擦れ具合によっても変わってくるため、それぞれの釣り場によって大きく異なる。特に、釣り人が多い釣り場のバスは、生存本能を働かせて学習を重ねていくので、そうなるとバスとの知恵比べを強いられることもある。

私の住んでいる周辺には、同じ地域にある野池なのに、めちゃくちゃ釣れる場所とそうでない場所がある。釣る側に、「どうしてなんだろう?」と思わせるところもバス釣りの魅力だ。

バスプロと言われる人でも、1尾を釣り上げるのに頭を悩ませている姿を見かける。常日頃から研究を重ねていても、思うようにいかないのがバス釣りなのだ。

進化を続けるバス

ブラックバスの特徴は、何と言っても大きな口にある。この口を目いっぱい開け、自分と同じサイズのバスを飲み込んでしまうこともあるようだ。

好奇心が旺盛なバスは、バス釣りが流行する前までは何にでも食いついてきたそうで、誰でも簡単に釣れたと聞く。ところが今は、バスが賢くなってしまったため、釣るのがとても難しくなった。

鋭い伝達能力を発揮するのもバスの特徴だ。そのため、バス目当てのアングラーがやって来ると、集団で警戒心を高める。そうなると、その釣り場では一気にバスが釣りにくくなってしまうのだ。

数十年前までは、琵琶湖にバス釣りに行けば、大きなサイズの個体が1日に数十尾も釣れたという。しかし今は、小バスを釣るのも難しいような釣り場に変わってしまった。日本に棲みついたバスは彼らなりに進化を続けているのだ。

爆釣をもたらした特別なエサ

以前、オオカミウオという怪魚を釣りに北海道に行ったことがある。

これを釣るのに最適なエサがスルメイカであることを私は事前に調べていた。

そこで北海道に向けて出発する前に、私はすぐに家の近所のスーパーマーケットに行き、エサ用として大きなスルメイカを購入した。

北海道に到着すると、さっそくオオカミウオに挑んだ。船に乗って沖合に行き、購入したスルメイカを丸ごと針に付け、深海目掛けて一気に落とし込んでいく。

釣るのがとても難しいといわれるオオカミウオだが、乗り合いの釣り船の船長の助けもあり、見事オオカミウオを釣り上げることに成功した。

問題が起きたのはそのあとだ。餌のスルメイカを使い切る前にその日の釣りが終わってしまったので、イカをだいぶ余らせてしまった。しかし、捨てるのはもったいないと思ったため、空港でレンタルした車のなかに入れておいた。すると、夏場だったせいで腐らせてしまったのだ。

釣り場から空港までの帰り道、スルメイカはますます腐敗していく。買い物するためにお店に入るときも、スルメイカは車のなかに残したままであった。そのうちに、白っぽかったスルメイカは茶色に変色し、匂いも大変なことになっていく。少し触ってみると、指先に電気が走ったかのようにぴりぴりする。

（どうしようかな……。もう捨てるしかないよな……。ちょっと待てよ、考えがある！）

こうして熟成スルメイカの特製エサができあがった。

途中、漁港があったので、私はそこに車を止めた。スルメイカを車から出すと、すぐに虫が寄ってくる。それを追い払いながら切り身にし、針に付けて海のなかに放り込んでみた。すると予想どおり、入れ食いといっていい結果になった。

（腐ったイカはありなんや！）

大発見をしたような気分だった。

その後、三宅島に釣りをしに行ったとき、今度は意図的に熟成スルメイカを製造し、それを持ち込んでみた。

このときもめちゃくちゃ釣れて、期待を裏切らない結果を得た。

漁港の波止場から熟成エサを付けて投げ込んだら、その漁港の主のような50センチ超え級のグレが釣れてしまったのだ。

大きなグレを一生かけて狙う釣り人も多く、私のような初心者が気安く釣り上げるような獲物ではない。50センチ超えともなれば、プロでもなかなか狙えないサイズだ。

斬新なエサで釣りをしてみたいと考えている人がいたら、ぜひ〝熟成スルメイカ〟を試してみることをお勧めする。

冬場だと腐敗がなかなか進まないので〝熟成〟させるのは難しいかもしれない。その場合は、ファスナー付きの食品保存袋でしっかりと密閉し、冷蔵庫から取り出したスルメイカをこたつに入れ、さらに冷蔵庫に戻し、再びこたつに入れるという作業を繰り返すといいだろう。

ただし、くれぐれも家のなかで保存袋を開けないで。それだけはお伝えしておく。

コイは甘いものに目がない!?

魚は人間が思っているよりはるかに利口だ。敏感な嗅覚を持っているし、エサの好き嫌いもはっきりしている。例えば、身近なコイにしても、なかなか侮れない相手である。「パンコイ」という言葉がある。コイを食パンで釣るのが「パンコイ」だ。コロナ禍でどこにも行けなくなってから、私は近所の川でパンコイをよくやるようになった。

針に食パンを付けて投げるのだが、コイはなかなか賢くて、すぐに食いついてくれない。コイという魚は、思いのほか目がいい。食パンが目の前に投げ込まれても、針や釣り糸が見えてしまうと、まったく食べようとしないのだ。目だけでなく耳もいいのか、竿を投げたときの「シュッ」という音に反応し、逃げていくこともある。

あるとき、どうしてもコイとの勝負を制したいと思った私は、エサを工夫してみることにした。熟考の末に入手したのは、私が好んでよく食べる、もちもち感がたまらないローソンの「もち食感ロール」だった。

川岸で私が最初に1口食いついたあと、クリームがたっぷりとついたロールケーキを針に付け、コイの目の前に投げてみる。すると、それまで食パンに見向きもしなかったコイが一瞬で〝ぶわー〟っと寄ってきて、何の迷いもなく一心不乱になってむしゃむしゃともち食感ロールを食べ始めたのだ。その直後、すっかり警戒感をなくしたコイは私が垂らした針にいとも簡単に食いついてしまった。

このときに、コイには敏感な嗅覚があり、さらには甘いものに弱いと確信した。

魚以外の水中の生き物では、カニはすぐに匂いにやられる。

少し前に魚のエサにするためにカニを獲ろうとしたことがあった。そのとき、いわしの切り身をストッキングに詰めて海のなかに落としたのだ。すると、入れた瞬間に何匹ものカニが岩陰からわさわさと出てきてストッキングに群がり出した。コイ同様、カニも匂いには弱いようだ。

それぞれの特性を新たに発見できると、それだけで嬉しくなる。生き物を相手に知恵比べをするのは、楽しくてやめられない。

ルアー釣りとエサ釣り

ルアーは種類が多いので、バス釣りを始めたばかりのころは何を使えばいいのかわからなくて、かなり頭を悩ませた。

例えば、音を出すノイジー系と呼ばれるルアーがある。このタイプのルアーでは、バシャバシャという音を立てながらルアーを水面で泳がせることで、魚をイライラさせる効果がある。縄張り意識のあるブラックバスの近くにキャストし、威嚇してバイト（魚が食いつくこと）を狙うのだ。イラついて攻撃的になった魚をルアーに食いつかせたタイミングで釣り上げる。

リーリング（リールを巻くこと）によって水面にバイブレーションを起こし、魚の好奇心をくすぐって寄せ付けるタイプのルアーも人気がある。

また、ワームといわれるゴム素材のルアーを使う場合は、大きさやシンカー（おもり）の重さについても考えなければならない。

特にバス釣りでは、ルアーの色にも気を配る必要がある。水が濁っていればシルエットが濃く出るものや派手なカラーのもの、クリアな水質ならベイトとなる魚に似せたナチュラル系のものを選択するのが妥当だ。

バス釣り用のルアーは実に多種多様なので、初めのうちはルアー選びに苦闘するだろう。これを克服するには、実際に釣りをして慣れていくしかない。

ルアー釣りのほかに、生餌を使った釣りも私は好きだ。

ところが、バス釣りを専門にするアングラーのなかには、生餌を使った釣りをタブー視する人もいる。

どうやら、バス釣りが好きな人の根底には、いかにどういったアプローチで魚をルアーに食いつかせるかを楽しむゲーム性を重視する考えがあるようだ。

ゲーム性を重視するバス釣り専門のアングラーたちは、よりチャレンジングな釣りを求めているため、生餌を使った釣りに興味を示さないのかもしれない。

大切なのは道具選びよりも実際に釣りをしてみること

ルアーの話をしたので、その他の釣り道具についても触れてみよう。

まずは、ロッド（竿）についてだ。こちらもルアー同様、色々な種類がある。

ロッドの硬さで見ていくと、ウルトラライトから始まって、ライト、ミディアムライト、ミディアム、ミディアムヘビー、ヘビー、エクストラヘビーと細分化されていく。

大物を狙うなら、それなりの強さ（硬さや太さ）を備えたロッドを選ばなくてはならない。

一方、ロッドの長さについては、船釣りをするなら、遠くにキャストしなくてもいいので短いものを選び、堤防釣りをするなら遠投に適した長尺のロッドを選ぶようにする。

だが、最初から道具選びに神経質になる必要はない。

私は普段から、近所の野池、世界各地の河川、海、湖沼など、様々な場所で釣りをしている。そんな私でも、最初のころは同じ竿ばかりを使っていた。それ1本で、何の支障もなく海の魚も近所の川のコイも釣り上げてきたのだ。

確かに、釣る魚のサイズや釣り場の状況によって選ぶロッドの種類を変えなければならないこともある。ただし、「海釣り用」でバスを釣ってはいけないという決まりはないし、その逆もしかりなのだ。

一番大切なのは、何と言っても始めてみること。肩肘張らずに釣りに出掛けてみてほしい。道具選びについては、ルアー選びと同様、釣りをしながら覚えていけばいいのだ。

バス釣りをする際の〝掟〟とは？

私がバス釣りにハマったのは、〝戦い〟をしている気分にさせてくれるからだと思う。釣り場に立って水面を見つめた瞬間から、バスとの真剣勝負が始まったような気がしてくるのだ。

バス釣りをする際には、その釣り場に適したルアー選びから始まって、キャストの仕方にも気を配りつつ、頭を働かせながら対決していかねばならない。それには知識も必要で、フィジカルな面ではキャストの精度も磨く必要がある。スキッピングのように水面を飛び跳ねさせて、狙ったカバー（草や木の枝、立ち木などの障害物で物陰になっている場所）の奥に正確にルアーを入れるキャストや、振り子の原理を生かしたピッチングやフリッピングのように高い技術を要求されるキャストなど、方法はたくさんある。キャストが思うように決まったときは、格段にヒット率も高くなっているような気がする。

バス釣り師には、バス自体に深い愛着を抱き、「バスがかわいくてしょうがない」と口にする人が数多くいる。豪快に釣っておきながら、釣ったバスを優しくリリースしてあげる釣り師がほとんどだ。

例えば、ルアーを飲み込ませ過ぎてしまったときには、きちんとした対処方法がある。ラインをそのまま切ってしまうのではなく、えらを傷つけないようにそっとプライヤー（糸を切ったり、魚から針を外したりする際などに使用する釣り道具）を入れてルアーを外したり、針外し専用の道具を使ったりする。釣り人にとって、魚というものはそれくらい愛おしい存在なのだ。

第7章

釣りと動画配信とマルコスと

マルコス命名秘話

ＹｏｕＴｕｂｅｒとしての私の名前は、ご存じのように「マルコス」だ。もちろんこれは本名ではない。マルコスという名前は、元々は私がペットとして飼っているモモンガの名前なのだ。

生配信とＹｏｕＴｕｂｅを始めるにあたり、私は自分の活動名を何にするか迷っていた。ちょうどそのときに視界に入って来たのが、ケージのなかでおとなしくしているモモンガの「マルコス」だった。

（マルコスって、よくない？）

すぐにそう思い、ペットの名前を拝借することにした。

マルコスなら世界共通で使えるし、なんか強そうな

雰囲気を出せると思い、軽いノリでつけた。その日から私は「マルコス」を名乗り始めた。誰からもすぐに覚えてもらえるので、最高に気に入っている。

1つだけ問題点を挙げるとすれば、海外で出会う人たちに、必ず「男の人かと思ったよ」と言われることだろうか。ペットのモモンガがオスだったので、♂っぽい名前になってしまったのだ。そうした勘違いを誘発するネーミングも、ちぐはぐで面白いかなと思っている。

今の私に休日はほとんどない

YouTubeのコメント欄やツイキャスのコメントには、「休日は何をしていますか？」という質問がよく届く。最初に答えを言ってしまうと、私には「休日」という感覚があまりない。

あえて言えば、「ホンマ、今日は何もしないでおこう」と決めて、ひたすら寝るだけの日が休日だろうか。寝るのは本当に好きなので、何もしない日は基本、寝ている時間が急増する。

もしくは、母親と山や川に出かけたり、釣りや動画の編集をせずに何もしないで気ままに過ごす日が、私にとっての休日かもしれない。要するに「休みの日に絶対にこれをやる！」というものがほとんどないのだ。

確実に言えるのは、会社勤めを辞めてから、「休日の時間」が少なくなったということだろうか。土曜日も日曜日も釣りに行ったり、動画編集をしたりしているため、7日間、必ず何かをしているような状態だ。

事実、釣りや編集作業をしている時間が、会社員時代の労働時間よりも長くなる日も増えてきている。ただし、自分の好きなことをしているので、それを負担に思うことはない。

今はこの生活にすっかり慣れてしまったので、再び会社員として企業で働くことは難しいと思う。

かと言って、このままずっとＹｏｕＴｕｂｅｒを続けたいかどうかはわからない。違うことをやりたいとなったら、すぐそっちに行きたいと思うだろう。

ただし、今のところは毎日が充実しているのでこの生活を続けていきたい。

そもそも私は、先のことを考えるのが得意ではない。したがって、将来を考えながら計画的に行動することが苦手だ。

こういう人間なので、今日、明日くらいまでの自分の人生を精一杯生きていくしかない。1カ月後、もしくは1年後に、私が何をしているかはまったく予測がつかないのだ。

「今がよければ、すべてよし。むしろ今を大切にしないと未来もない」と考えている。

これが日々の生活に対する私の基本的な考え方と言える。

例えば、丸1日釣りの日に日焼け止めを絶対に塗らないといけないときでも、今すぐ釣りをしたいという気持ちが勝って塗るのを忘れ、あとからめっちゃ後悔することが多い。

こういう後悔の繰り返しが自分の未来を作っている。

釣りのリアルを伝えたい

YouTubeの動画を撮るときに気を付けているのは、釣りをしているその場の雰囲気をできるだけ伝えるということだ。見ている人に釣りの楽しさをわかってもらいたいし、「こんなところで、こんな魚が釣れるの?」という驚きも与えたいと考えているからだ。

それを可能にするために、普段から「水場」探しには余念がない。例えば、車でどこかに出掛けたとき、運転中にどこかの川に出くわしたら、別に釣りをするつもりではなくてもすぐに車を近くに止めて、「何かおらんかな」と生き物捜索をしてしまう。

つい先日も、家の近くのスーパーの裏に流れている水路をしばらく熱心にのぞき込んでいた。

普段、何気なく通り過ぎているところでも、少し意識を変えてみるとあちこちに「水場」があるのに気が付く。今ではすっかり「ここ、何がおるんやろう」と立ち止まってのぞき込む癖がついてしまった。

外国での怪魚釣りをお見せする一方で、視聴者の感覚から離れすぎないように注意をし、できるだけ多くの人が共感できる動画を作るように心掛けている。

全国バス釣りの旅

YouTubeをしながら旅をすると聞くと、何だかとても優雅に聞こえるかもしれない。しかし、実際とイメージとでは大違いだ。

全国バス釣りの旅を始めたとき、私にはホテルに泊まるような余裕がなく、毎日自分の車のなかで寝起きしていた。そうしないと旅を続けることができなかったのだ。

例えば、翌日の釣り場がダム湖なら前の日のうちにダムに向かい、近くの駐車場に車を止めて夜を明かした。

林のなかの野池のそばで車中泊をしたこともある。夜は真っ暗になったが、なぜか恐怖は感じない。幽霊とかそういった類に対する怖さもなかったし、知らない人に襲われるという恐怖もなかった。そのあたりの私の神経は、かなり図太いのかもしれない。

特に運転が好きなわけでも、車で旅行をするのが好きなわけでもない。日本全国でバスを釣ると決めたからには、車のなかだろうがどこかの駐車場だろうが、寝られるところで寝るしかなかったのだ。もちろん駐車する際は、許可を得るようにしている。

当時私が乗っていたのは軽自動車で、横になれるようなスペースはなかった。そのため、運転席をリクライニングし、両足をダッシュボードの上に投げ出して寝るだけの車中泊だった。


幸い、危ない目に遭うことは一度もなかった。ただ、軽自動車の後部座席には大量の荷物が乱雑に押し込まれていたので、警察の人に不審がられて頻繁に職務質問をされた。夜中に気持ちよく眠っていると窓をコンコンと叩かれて、顔面を照らすライトのまぶしさで目を覚ますというのが、いつものパターンだった。

こうなると、窓を開けて事情を説明しないといけない。

「釣りで全国を回っているんです……」

そう伝えると、職務質問はそっちのけで、「へー、1人で回っているの？」と興味を持たれるケースが多かった。女1人なので、珍しかったのだろう。

「本当ですか？」と言って、ほとんどの人がびっくりしていた。

また、免許証を確認される際に、すっぴんの私を見て、メイクしている免許証の私と顔が違うと言って、本人かどうか疑われることも稀にあった。

汗だくになるばかりの真夏の車中泊

移動に欠かせない車に対するこだわりは、まったくない。

当時乗っていたワンボックスタイプの軽自動車は、全国を走っている最中に何回も故障し、予定外の修理に出すという事態にも見舞われた。修理中は、時間を無駄にしないように修理工場で代車を借りて、それに乗って釣りをしていた。

車については、走ってくれさえすれば何でもいいと思っていたのだ。


釣り場を見つける際には、生配信を見てくれている人に聞いたり、その土地の釣り具店に立ち寄って情報収集をしていた。あとは、移動途中にグーグルマップを丹念に見て、「この池なら釣れそうかな」と想像しながら場所探しをした。

釣りの状況を生配信し、それが終わると、場所を設定してそのエリアに住んでいるリスナーさんにリア凸してもらうのがいつものパターンだった。リア凸と言っても、近辺の駅の周辺で会うという程度のものだ。

来てくれた人には、自分で作った全国地図に寄せ書きを書いてもらった。

また、リスナーさんたちの多くが食べ物の差し入れをしてくれたのも嬉しかった。地元で有名な和菓子とか、人気の洋菓子店のケーキとか、主に甘いものをもってきてくれる人が多かったので、毎日のように甘いものを食べて空腹を凌いだ。おにぎりを持ってきてくれる人もいたので、食費はかなり節約できたと思う。差し入れをしてくれたリスナーさんたちには本当に助けられた。

車中泊の釣り旅と言っても、やはりお金はかかる。余分なお金を使わないようにしていても、ガソリン代だけは節約できない。釣り具代も定期的に必要になる。そのため、絶対に無駄遣いをしないように財布のひもをきつく絞りながら旅を続けた。

旅をしていた期間は、7月から11月にかけてだった。ちょうど夏の季節の真っただ中だったため、旅の最初からとにかく暑かった。

しかも、ガソリン節約のためにエアコンは使わず、風を取り入れるために窓を全開にして走っていた。しかし、車中泊をしているときは、さすがに窓を全開にしたままにはできない。そこで、前部と後部の4カ所の窓を3センチだけ開けて寝ていた。熱帯夜ともなると、本当に寝苦しく、車のなかは蒸し風呂状態になる。

それでもどうにか北海道を除いたすべての都府県でバスを釣ることができた。今ではあのときの苦労もいい思い出だ。

バスがなかなか釣れない場所

ブラックバスは特定外来生物に指定され、地域によってはしばしば厄介者扱いされている。しかも、日本中の河川や湖沼で簡単に釣れると思われているようだ。

ところが、そんなバスをなかなか釣ることができず、苦労した場所もあった。その場所とは、東京都と愛知県だった。

東京のバス釣りでびっくりしたことは、1つの小さな池に2、30人が隙間なく並んで釣りをしていたことだ。こんなに人が多い池を見たのは初めてで、釣り堀かと思うくらいだった。ここまで人が多いと、魚も擦れていて、釣りを始めて3カ月の私にはその〝スレバス〟を釣るのは難しかった。もちろん、そこであきらめるわけにはいかないので、東京のド真んなかにある千代田区紀尾井町の弁慶堀の管理釣り場に挑戦しに行ったり、西のほうにも足を延ばした。しかし、たった1尾のバスが1週間経っても釣れない日が続いた。

どうすることもできず、途方に暮れていたとき、リスナーさんが郊外にある小さな池を教えてくれた。ラストチャンスだと思って、そこでトライした結果、どうにか小さなバスが釣れた。あのときは感動のあまり、大泣きしてしまったほどだ。

愛知県もつらかった。人口が多ければ多いところほど、釣り人も増える。すると、魚のほうも賢くなってくるのだ。

この時点で、釣りを始めて2、3カ月しか経っておらず、知識も技術もまったくなかった。「初心者だから仕方ない」と自分で自分を慰めるものの、あまりにも魚から反応がないのには心が折れそうだった。

東京と愛知で受けたダメージはとにかく大きく、今でも私にとって東京と愛知はバス釣りの鬼門といった場所である。

日本は狭いようで実は広い

日本全国バス釣りの旅の道中、釣り以外で面白かったのは、各地方の言葉だった。特に東北に行ったときは、関西人の私には、本当に何を言っているのかわからなくて、「同じ日本か！」と思ったくらいだ。

特に、青森県と秋田県のおっちゃんとかおばちゃんが話している言葉がまったく聞き取れなかった。

東北からずっと離れて、九州の熊本県と鹿児島県も独特の言葉で理解するのが難しかった。これらの県でもリア凸をしたが、会いに来てくれたおっちゃんとの会話がまったく成立せず、焦って冷や汗をかいた。

おっちゃんやおばちゃんの言葉もわからないのだから、おじいちゃんやおばあちゃんともなると、なおさらわからない。

彼らが話す日本語を聞くたびに、「同じ日本でも言葉はこんなに違うのか」と新たな発見をした気分になった。

言葉が理解できないときは、とりあえず聞き返してみて、それでもわからない場合は、どうにかわかったふりをして会話を続けていった。日本にいるのに外国旅行をしているみたいで、面白い体験ができた。

ありがたいリスナーさん、困ったリスナーさん

生配信のリスナーさんがリア凸のために集まってくれるのは、旅の最中の楽しみの1つだった。昼の生配信中にコメントを入れてくれて、夜のリア凸の際に会いに来てくれるのだから、本当にありがたい限りだ。

全国各地でリア凸をしたが、ほとんどの場所で誰かが必ず来てくれた。

場合によっては、夕方の5時ごろにやっと釣れて、急遽「夜の7時に○○駅にいます」と伝えることもあった。それでも、会いに来てくれる人がいる。

リア凸は、釣りをした都府県を去る直前に行っていたので、バスが釣れないとできない。期待して待ってくれている人がいるのに、なかなか釣れず、リア凸ができなかった日もあった。それでも毎回、最低でも1人か2人は来てくれる。多い場合だと30名くらいの人が集まってくれたこともあった。

その一方で、リア凸を終えようとしているのに、いつまで経っても帰ってくれない人や、私の車のあとを追いかけてくる人もいた。

その様子を生配信で映していると、ほかのリスナーさんたちが心配してざわつくこともあった。よく、「1人で怖くないの？」と聞かれるが、配信しているときは、何百〜何千人の人たちと一緒にいると錯覚してしまう。

そのため、誰が来ようとも全然怖くない。たまに配信中に1人で大声で歌ったりもする。そんなときは、私からすると「皆と一緒だから、ちょっとパフォーマンス」という謎のモードに入っている。

こうなってくると、怖い、恥ずかしいという感覚はなくなる。

リスナーさんたちは私にとって心強い存在であり、私はしょっちゅう助けられている。

配信中に来てくれるリスナーさんあるあるに、実際に会いに来てくれているのに、実物の私を見るのではなく、スマホの画面のなかの私を見てしまうというのがある。こちらが話しかけても、ずっと配信を見ている……。

「そんならわざわざ来なくてもええやん」と突っ込みたくなるくらい。

もしかしたら、恥ずかしがっている人が多いのかもしれない（笑）。

〝変わり者〟と言われる私

「もしもツイキャスやＹｏｕＴｕｂｅをやっていなかったら、何をしていると思いますか？」

こんな質問をたまに受ける。うーん、はたして何をしているだろうか……。

自分自身のことを考えたとき、普通の会社で何年も働くことができない人間だと思うので、会社員をやっているとは思えない。

やはり私は究極の飽き性なのだ。しかも、皆と同じことをするのが苦手な性格。

そのせいで、小学生のころから「よう変わってるな」と言われ続けてきた。友だちと普通の会話をしているだけなのに、「あんた、変わり過ぎやろ」と言われるのだ。

ところが、言われた本人は何が変わっているのかわからずに、キョトンとしてしまうだけなので、困ったものだ。


自分ではあまり自覚していないため、具体的に何が変わっているのか私自身が説明するのは簡単ではない。それでも、よく周囲に言われることがあるのでそれをお伝えする。

私には、皆がまったく気にしないことを気にしたり、ほかの人が絶対につまずかないところでなぜか自分だけがつまずいたりするところがあるらしい。

そう言われてみれば、「皆がまったく気にしないことを気にする」という点については、昔からそうだったような気がする。


高校時代、ホテルの結婚式場で配膳のアルバイトをしていたことがあった。働き始めて最初の日、私はホテルの人に「コーヒーを入れて」と頼まれた。しかし、コーヒーを飲まない私は、入れ方がよくわからない。そのことですっかり動揺してしまった私は、何もできなくなってしまった。

その直後、ホテルの人から「コーヒーの入れ方も知らんの？」と言われると、その一言で完全に心が折れ、泣いて帰ってしまったのだ。

それをいとこに話したら、彼女は「そんなのありえへん。『すみません。知らないので教えてください』って言えば済む話やん」と言って不思議がっていた。こういうところに、私の〝風変りな部分〟があるのかもしれない。

図太いところは図太いのに、そうしたところでめちゃくちゃ繊細になってしまう……。

人前で歌うようなことはできるのに、大半の人が傷つかないようなところで傷ついてしまったりする。みんなが思いとどまるようなところで、自分だけがなぜか進んでいるということもあるので、やっぱり私って変わっているのかもしれない。

YouTuberになりたいわけではなかった……

まあ、こんな性格なので、普通の会社で何年も仕事をするのはいずれにせよ向いていなかっただろう。それでも専門学校のあとに、アパレル会社で何年も働き続けられたのは、その会社が変わっていたからだと思う。

そう考えてみると、遅かれ早かれ、ＹｏｕＴｕｂｅをやっていた可能性はある。

そうは言っても、最初はＹｏｕＴｕｂｅｒになりたくてＹｏｕＴｕｂｅを始めたわけではない。魚釣りにハマり、自分の釣果記録として熱中しただけだった。言ってしまえば自己満足のようなもの。確かなのは、ツイキャスやＹｏｕＴｕｂｅを抜きにしても、釣りだけは続けているだろうということだ。

最初は自分のための記録として撮影をしていたＹｏｕＴｕｂｅだったが、幸い、多くの方たちに見ていただけるようになり、登録者数が10万人を超えたあたりからは、活動の幅も広がっていった。


動画で私を見ている人たちからは、「マルコスは人見知りしないね」とよく言われる。

動画を撮るときは、皆の前に出る前提なので、自然とテンションが上がってしまう。

ところが、私はめちゃくちゃ人見知りなのだ。

しかし、引っ込み思案では動画は撮れない。

生配信やＹｏｕＴｕｂｅの撮影をする際には、カメラのスイッチを押すのと同時に、自分のなかのスイッチも入り、人見知りの自分から社交的な自分に変わっていく。これを繰り返しているうちに、人見知りで引っ込み思案の性格も少しずつ変わっていったような気がする。

今でもまだ、私のなかには人見知りの部分が残っているのは確かだ。それでも「スイッチを切り替える」ことが以前よりも上手になったせいで、人見知りを乗り越えて、初対面の人とも落ち着いて話ができるようになってきた。

バンドをやっているときに、人前で歌うことにプレッシャーを感じてしまったのも、「人見知り」という自分の性格が大きく影響していたのだと思う。

バンド時代は意図的に、スイッチを入れて普段とは違う自分を表に出していたので、今思うとそれが練習になっていたのかもしれない。そして徐々に、勢いに乗じて自分をさらけ出すことの楽しさに目覚めていったのではないだろうか。そのおかげで、人見知りの側面はだいぶ弱くなってきた。

「メイク」というもう1つのスイッチ

カメラのスイッチ以外にも、実は私にはもう1つのスイッチがある。それはメイクだ。マルコスとして動画に登場するときは、メイクをし、カラーコンタクトを装着して、心の準備を整えていく。このときにも私のスイッチは徐々にオンになっていく。

実際、以前から私のことをよく知る人たちからは、「マルちゃんって、すっぴんのときのしゃべり方と、メイクしたあとのしゃべり方が違うよね」と言われる。

自分では特に意識的に使い分けをしているつもりはない。しかし、メイクをしたときのマルコスと、普段の自分はまるっきり一緒ではないようだ。

確かに、すっぴんの顔と化粧したときの顔の2つをうまく使い分けて、それをちょっとした自分の武器にしたいという考えはある。また、メイクアップをして外見を変えたいという願望もある。

自分の顔にコンプレックスを持っている私には、メイクアップによってそのコンプレックスをカバーしたいという気持ちも存在するのだ。

メイクアップのせいで、海外旅行ではちょっとしたトラブル（?）に遭遇した経験もあった。

私のパスポートには、メイクアップをしたときの顔写真が貼ってある。

これが〝トラブル〟の元になった。

アメリカへ釣り旅に行ったとき、ノーメイクのままイミグレーションを通ろうとすると、入国審査官に止められて、「これ、本当にあなたなの？」という怪訝な顔をされてしまったのだ。

アメリカには、日本のように誰かわからないくらい変化する〝ギャルメイク〟をする人はあまりいない。そのせいか、入国審査官はピンとこなかったようだ。

「これが私の素顔なの！　これ、これ！」

そういいながら、自分の顔を指さして、自分であることをアピールした。

必死にアピールをしても納得はしてくれず、証拠としてスマホに入っている普段の私の写真を見せろと言われた。結局、それを見せるまでは納得してくれなかった（笑）。

どうにか入国審査官を納得させることには成功したが、すごく恥ずかしかったのも事実だ。

私が釣りとYouTubeを辞めるとき

釣りを始めたとき、最初のころは1人でやっていても面白いなと思った。ところが次第に、面白いけど、何か物足りないなと感じるようになった。

それが何なのかを考えていくうちに、他人とその面白さを分かち合えないことが物足りなさの原因だとわかった。私は、魚が釣れたときの興奮や喜びを誰かと共有したかったのだ。さらに、見ている人たちからも、「すごい！」と言ってほしかったのかもしれない。

そこで思いついたのが、皮肉なことに、バンド活動中にはプレッシャーになっていたツイキャスでの生配信だった。

（ツイキャスをすれば、釣りの興奮や喜びを共有できるし、コメントももらえる！）

もともと人前に出たり、歌ったりするのは好きではなく、私はそれが嫌でバンド活動も途中で辞めていた。ところが、バンド時代に培った生配信の経験が、その後、思わぬ形で生かされていく。

釣りの動画を始めてみてわかったのは、私は基本的には目立ちたがり屋であり、歌う姿を人に見せるのは苦手な一方で、好きなことをしている姿を見せるのは好きという事実だった。この発見は、これからの自分の人生にとって大きな羅針盤のようになってくれると思う。

今は釣りのことで頭がいっぱいだ。だがこの先、釣り以外で何かやりたいことが見つかったら、釣りから離れてそっちにのめり込んでしまう可能性だってある。

ＹｏｕＴｕｂｅに関しても同じで、今はすごく楽しいし、好きなのでこれからも続けていく。ただし、ほかに熱中できるものが見つかったら、おそらくすぐにそっちに移っていくだろう。自分を変化させなければならないときに、釣りとＹｏｕＴｕｂｅに縛られて、変化できないという状況だけは避けたいと考えているのだ。

とは言っても、今すぐに何かを大きく変える予定はない。当分の間は、怪魚釣りを含めた釣り、そしてＹｏｕＴｕｂｅに全力を傾けていく。

第 7 章　釣りと動画配信とマルコスと

第8章

家族も釣りも大好きで

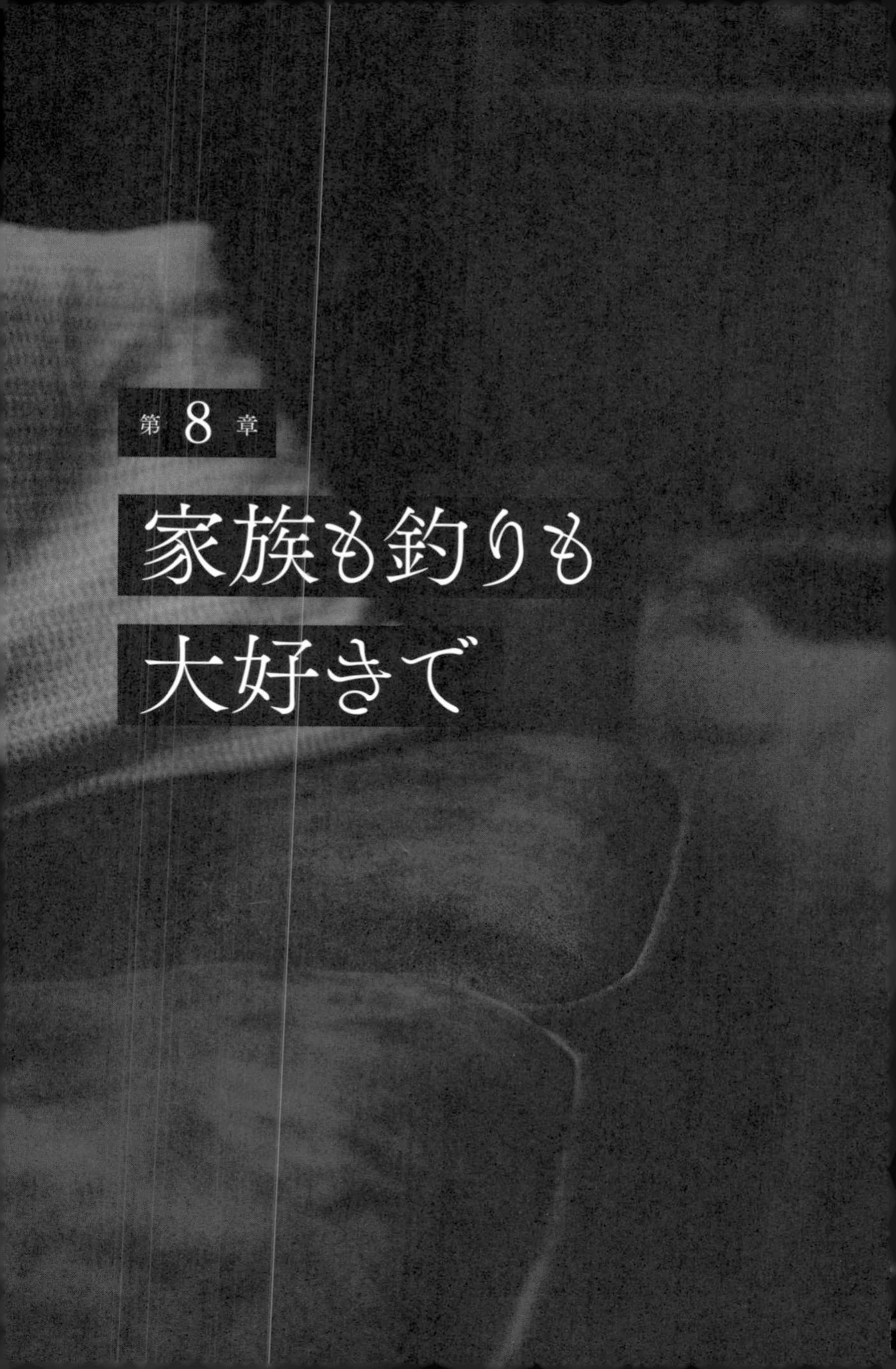

今までの人生でつらかった時期

これまで生きてきて一番つらかったのは、バンドを辞めてニートになってしまった時期だった。このころの私は、完全に自己嫌悪に陥っていた。

バンドは徐々に人気が出てきて、ワンマンライブができるまでになっていたのだ。もう少し頑張れば、さらに上を目指せたはずなのに、私は途中で投げ出した。

（いつも自分は中途半端なところで逃げ出してしまう……）

そんな思いを抱え込み、ふさぎ込む一方だった。

何かを始め、それがうまくいけばいくほど、私は自分自身に過度のプレッシャーを掛け、最終的にその場にいられなくなってしまうタイプの人間だ。

思い返せば、小さいころからそうだった。中学1年生のときにクラシックバレエを習っていて、自分にいい役が回ってきたことがある。そのとき周りの人たちは、「いいメンバーがそろったから、いい作品になる」と期待を高めていた。でも私は、急に怖くなってバレエ自体を辞めてしまった。

（どれだけたくさんの人たちの期待を裏切ってきたんだろう……）

いつまで経っても変わらない、そんな自分にがっかりしていたのだ。

何をやっても続かない……。1つのことをちゃんとできない……。

そんな思いに押しつぶされそうになって、あの時期は本当にしんどかった。

開き直りでコンプレックスを克服

そんな私なのに、生配信とYouTubeだけは続けられている。

その理由は、自分のなかで気づきがあったからだ。

それまでは、途中で投げ出したり、逃げ出してしまう自分をいつも否定的にとらえ、「肝心なところで頑張れないのはどうしてなんだろう」と責め続けていた。ところが、家のなかにこもりながら考えを巡らしているうちに、「直したいと思ってても、直らないし。だったらそれでいいわ」と開き直れたのだ。

一度、そっちに振り切ってみたら、今度は「私って危機回避能力が高いし、自分を守る力が強いから、続けていたら危ないと思うとすぐに逃げ出せるんだな」とポジティブに受け取れるようになった。

しかも飽きっぽいということは、好奇心旺盛という意味にも捉えられるし、1つの考えに凝り固まらずに、色々な物事に魅力を感じられるとも受け取れる。そのおかげで新しいことにチャレンジする機会も増えていくのだ。自分に対する見方を変えてみたら、急にいいところばかりが浮かび上がる結果になった。

こういうところに関しては、私は本当に調子がいい。


逃げ出す能力がないために心を病んでしまったり、ひどい場合には自殺してしまう人がいるのが現実だと思う。途中で投げ出してしまえば何の問題もないのに、深刻に考え過ぎてしまう人もたくさんいる。そっちの道に進んではいけないと思う。

無責任でKYだったかもしれないけど、私は「途中で投げ出す」「逃げる」という決断ができた。

そんなことを考えていると、何だか自分は人より優れているんじゃないかとさえ思えてくる。

だから今は、逃げたかったら逃げればいいし、途中で投げ出したって何も悪くないと自分にも周りの人にも言うようにしている。

私の場合、途中で逃げ出したからこそ、今の自分にたどり着いた。それを考えれば、逃げるのは悪いことばかりではない。そのおかげで、私の自己肯定感はこれまでにないくらい高くなった。

そういう意味では、1人でもできる生配信やYouTubeに出合えて、私はラッキーだった。つらくなって途中でやめてしまっても、1人でやっているので仲間に迷惑をかける心配はない。

私にとっての人生を変える出合いは、たまたま「釣り」や「配信」だった。同様に、誰にとっても運命の出合いが必ずどこかで待っていると思う。

子どもながらに「大人買い」

私の性格で最大の特徴は、「我慢ができない」ということに尽きる。

何かをやりたいと思ったら、すぐにやりたい……。何か欲しいものがあれば、お金がなくても誰かに借りて、それをどうにか手に入れようとしてしまう。要するに計画性がまったくないのだ。

何かにハマったら、もうそれしか見えなくなり、夢中になって突っ走ってしまう傾向もある。周りから「あかんで、あかんで」と言われれば言われるほど、燃えてしまうのだ。

この性格は、小さいころから変わっていない。

少し前に母から聞いたのだが、まだ幼稚園に通っていたころ、親戚や祖父母から預かったお年玉を私に手渡しながら、「そのお金でお菓子を買ってもいいよ」と言ったことがあったそうだ。

母にしてみれば、近所のお店に行き、「数百円分ほどのお菓子を買ってきなさい」という意味だったのだろう。ところが私は、数万円ものお年玉のすべてを駄菓子につぎ込んでしまったそうだ。

子どもながらに「大人買い」……。この出来事を私はさっぱり覚えていないのだが、母の話を聞く限り、幼いころから我慢ができない性格だったようだ。周りの人から「ゼロか100しかないね」と指摘されるくらい、私の性格は極端なのだ。「右か左のどっちかに急に進路変更するから、ついていくのがしんどい」とも、よく言われる。

「真んなかの道を行く人もいるんだから、そういう人も受け入れないとダメだよ」

親や友だちからは、こう諭されてばかりだ。

これからさらに歳を重ねていくにつれて、私の性格に変化は現れるのだろうか。周りの人の意見も参考にしつつ、少しでもいい方向に変えたいと思っている。

「自分を常に好きでいる」

私自身のことについて、もう少し話を続けたい。

私がいつも大切にしているのは、「自分を常に好きでいる」ことだ。

実際の私は、とても不器用だし、人ができることができなかったりして、欠点だらけの人間だ。しかし、自分のことを大事に思い、好きでいられるからこそ、周囲の人たちのことも大事に思えるのではないだろうか。

実際、私は出会ってすぐの人に対して興味を持ってしまう。これはもう、特技と言っていいくらいで、老若男女問わず、すぐに仲良くなりたいと思ってしまうのだ。

初対面の場でも、その人のことを知りたくなるし、相手がいい人だと早い段階から友だちのように感じてしまう。

長い時間を掛けずに人を好きになれるのが、私の「めっちゃええとこやな」と思うし、そこはこれからも変えずにいたい。

例えば、海外に行くと、初めて会う人ばかりに囲まれがちだ。そうなると、ほとんどの人が相手を信用するまでに一定の時間を置くと思うが、私はすぐに周りの人たちを信用するようにしている。

そんなに簡単に人を信用するのは危ないと思う人もいるかもしれない。それは十分理解できる。しかし、その気持ちを乗り越えて、こちらから先に信用している姿を見せると、相手との友好的な関係を素早く築くことができる。

こうした人間関係の構築が、いざと言うときに自分を助けてくれたり、思わぬチャンスを与えてくれたりする場面をこれまでに何度も経験してきた。

ありのままの私

人見知りだったり、飽きっぽかったり、中途半端な状態で逃げ出してしまったりと、自分の欠点を挙げていったらいつまでも挙げられる。ありのままの私は、言葉遣いも悪いし、行動もおかしくて、とても他人のお手本になるような人間ではない。それでもファンになってくれる人がいるのだから、本当にありがたい。

ＹｏｕＴｕｂｅのコメントを見ると、私のことを気遣ってくれる人たちがたくさんいることがわかる。そのことが私に自信を与えてくれる。

（今まで色々あったけど、こんな自分でもいいよな）

ＹｏｕＴｕｂｅチャンネルで私を見てくれる人たちのおかげで、こんなふうに思えるようになった。

そんな私が幼少時代はどんな女の子だったかというと、ひょうきんだとよく言われていた。いわば、典型的な関西の子どもといった感じだろうか。5、6歳のころに初めて抱いた将来の夢は、漫才師になるか、吉本新喜劇に出られる芸人さんになることだった。

小学校、中学校では、友だちが多いほうではなかったが、仲のいい友だちは常にいた。

このころから苦手だったのが、後片付けだ。とにかく整理整頓ができなくて、家でも学校でもよく注意されていた。高校生になると、自分の机と隣のクラスメイトの机の間に私物を積み上げて占領していき、さらに〝陣地〟を広げていくほど、散らかし放題だった。さんざん先生に怒られた挙句、親が学校に呼び出されたこともあった。

「周りの生徒に迷惑がかかるくらい散らかしているので、どうにかするように言ってください！」

先生にこんなことを言われて、母親は身をすくめる一方だった。


家でも学校でもあれだけ注意されたのに、今でも片付けはできないままだ。

釣り場に行くと、どうしたことか私を中心とした半径2、3メートルほどの周囲が、釣り具やら、自分の持ち物やらでやたらと散らかっていく。しかも放っておくと、その範囲はどんどん広がっていくのだから、どうかしている。

さらに海外の釣行にいった際のホテルでも、荷物を解いて数時間すると、なぜか部屋のなかが取っ散らかっていく。家や学校でだけでなく、釣り場や宿泊先でも整理整頓ができない。私は典型的な「片付けができない女」なのだ。

私の家族

私の家には、祖父母、母、母の姉、従妹2人、そして私の7人が住んでいる。お父さんとお母さんは、私が5歳くらいのときに別れているため、家族としての記憶はほとんどない。

ひとり親家庭で育ったので、お母さんとはとても近い関係だ。20歳くらいのときに私が生まれたので歳もそんなに離れておらず、友だちのような感覚でいつも接している。

お母さんとは、釣りや旅行に一緒に行くこともある。その際の様子を動画で流すとよく書き込まれるのが、「お母さんにもっと優しくして」「お母さんに対して、すごく偉そうにしてる」というコメントだ。気をつけなきゃいけないと思いつつも、私にとってお母さんは友だちとか姉妹のような存在なので、ついつい遠慮のない接し方をしてしまう。

祖父母と同居するまでずっと2人で生活をしてきたので、お互いの成長を見届けながら歩んできたという感覚からどうしても抜けきれず、ときには私がお母さんのことを妹のように思い、「もっとしっかりしなさい」と言ってしまうこともある。おそらくお母さんも、私のことを自分の娘というよりも、友だちや姉妹のように感じていると思う。

傍から見ると、少々奇妙な関係に見えるかもしれない。

でも、尊敬の気持ちはいつも持っている。若くして私の父と別れたあと、1人で私を育てると決心し、母はずっとパン屋で働いてきた。そこで長年修業をして、10年前に独立を果たし、自分のお店を開店させたのだ。さらに、その店をお客さんが絶えない繁盛店にしているのだから、本当にすごいと思う。

パン屋というのはとても大変な仕事で、お母さんは朝早くから夜遅くまでいつも働きづめだ。休みも本当に少ない状態で働いているので、私には絶対に真似できない。

釣りとお父さん

父とは幼いころに離れ離れになったので、幼少期の父との思い出は私にはまったくない。そんな父だが、釣りをしているのは以前から知っていたため、釣りを始めたときに色々と聞こうと思って連絡をしてみたことがある。

それ以来、やり取りする機会が一気に増え、一緒に釣りに行くまでになった。まさかこんなことになろうとは想像もしていなかったので、ちょっと驚いている。

父とは、小学校時代も中学校時代もまったく会っていなかった。近くに住んでいるのは知っていたが、どこかですれ違うということも一度もなかった。

接する機会といったら、誕生日にＬＩＮＥやフェイスブックで「おめでとう」「ありがとう」というメッセージの交換をするぐらいだった。父親に関しては、「いつか会えたら、それでいいかな」と思う程度だったのだ。

それが釣りを始めた途端に、急にちょくちょく会うようになるという予想外の展開が起きたのだから、面白いなと思う。

私が「ちょっと釣り教えてよ。一緒に行かへん?」と声を掛けたとき、父は「いいよー」と言い、すぐに釣りに連れて行ってくれた。今では、私と釣りに行くのを楽しみにしているようだ。私の動画については、「心配なるわー、見てたら」と言いつつも、いつも応援してくれている。

祖父母とマルコス

父との関係とは対照的に、おばあちゃんとおじいちゃんとはとても近い存在だ。お母さんはいつも仕事で忙しかったので、おばあちゃんとおじいちゃんとは一緒にいることが多かった。

私が仕事を辞めて家にいるようになってからは、おばあちゃんとおじいちゃんと過ごす時間が再び長くなっていった。外に出て友だちと遊びに出かけるよりおじいちゃんとおばあちゃんと一緒にテレビを見ているほうが楽しいし、同じ空間、同じ時間を共有することが自分の癒やしでもある。

私にとって、一番のホームだと感じさせてくれる存在だ。

おばあちゃんとはしばしば口喧嘩をすることもあるが、こんな孫でも常に私のことを想ってくれており、〝怪魚ハンター〟としてテレビに出るとなると、必ず見てくれる。

夜中の1時とか2時に放送される番組に出るときは、録画しておいて翌日に見ればいいのに、わざわざその時間に起きてくるのだ。

ときには、私が仕事や恋愛のことで落ち込んでいると、何も言わずに元気になるご飯を作ってくれたり、私の相談に乗ってくれることもある。

いつも家族の中で一番に私の異変に気づいてくれるのがおばあちゃんだ。

普段は口うるさいおばあちゃんだが、「ちゃんと見てくれるんやな」と思うと、嬉しくなる。

一方、おじいちゃんはいつもすごく優しい。一緒に住んでいる家族のなかでたった1人の男性なので、女たちに家の隅に追いやられていることも時折ある。

おじいちゃんのすごいところは、今でも文句を言わずに家の掃除や洗濯をしてくれるところだ。私の冗談話にも付き合ってくれるユニークなところもあり、「結婚相手はおじいちゃんみたいな人がええなあ」とよく言っている。

おばあちゃんは70代、おじいちゃんは80代になるのに、2人ともとても元気だ。時々、私の生配信にも「リスナーのなかで最年長です」という内容のコメントをしてくれる。

祖父母は、私のやることをいつも温かく見守ってくれるありがたい存在だ。

ウチはおそらく仲良し家系

動画にもたまに出てくる私の親族に伯母がいる。おばさんは、お母さんのお店の手伝いをしているし、同じ家に住んでいるので、実際は家族ということになるのだろう。姉妹なので当然かもしれないが、伯母は私のお母さんと見た目がそっくりで間違える人がよくいる。私のファンがたまにパン屋に来ると、勘違いをして私の伯母をママコスだと思って話し掛けてしまうほど似ている。

母とおばさんを見ていると、仲がいいなといつも思う。さらにおばあちゃんとお母さん、おばさんの母娘3人も仲がいい。私の家は、家族同士が仲良くする家系なのかもしれない。私にとって何よりも大事なのは、やはり家族だ。釣りをするために旅行をしているときも楽しいけれど、実際は家にいるときが一番好きかもしれない。

極端な話をすると、友だちが1人もいなくても家族さえいればいい。それくらい私は家族が大好きだ。

お母さんのパン屋で一番好きなもの

アパレル会社に入社する前、お母さんが切り盛りしているパン屋でアルバイトしていた時期がある。このときは、お母さんと一緒によくパンを作っていた。

お母さんが作るもののなかで私が一番好きなのは、どれもおいしいので迷うが、あえて選べと言われたらクリームドーナツだ。

作っているのを見ていると、「低価格設定なのに、そんな入れたらあかん！」と止めたくなるくらい、生地のなかにカスタードクリームをめちゃくちゃ入れていく。そのカスタードもお店でお母さんが作っている。

クリームドーナツ以外のものも毎日必ず食べるが、どれもまったく飽きない。「毎日食べてても飽きへんのやから、やっぱりおいしいんやろな」と思う。

お客さんに一番人気なのは、食パンだ。通常、予約分ですべて売り切れてしまうので、店頭ではなかなか買えない人気商品になっている。

惣菜パンもたくさんの種類を作っていて、品揃えはかなり豊富だ。

毎日7時半開店なので、お母さんは毎朝3時半くらいに起きて準備を始める。粉から生地を練り上げていくので、どうしても時間が掛かるのだ。

休みは月に数回だけで、お正月とかお盆もあまり休まない。働きすぎだと心配になるくらいだ。


毎日仕事を頑張っているお母さんは、やっぱりすごいなと思う。

ただし、文句を言いたくなるときもある。

お店には、私のファンの人たちがわざわざ訪れ、時折プレゼントを置いていってくれることがある。ところが、プレゼントの中身がカニカマだったりすると、たまにお母さんが仕事の合間に食べてしまうことがあるのだ。

それを知らずにいつものように生配信をしていると、ちょっとした行き違いが生じることがある。

「マルちゃん、この前のカニカマ食べてくれた?」

私の感想を聞こうと思ったリスナーさんがコメントをしてくれても、何のことかわからない私は戸惑うばかり。

「この前のカニカマって？」

「この前、ちょっと高級なカニカマを買って、お母さんに渡したんだけど……」

「ああ、そうなんや。どうもありがとう……」

そういいながら、気まずい時間をやり過ごす羽目になる。

「あかんで！　そんな人のもん、勝手に食べたら！」

イラっとしながら、私はお母さんに文句を言う。するとお母さんは言い返す言葉もないようで、しょんぼりするというのがいつものパターンだ。

だけど、私はいつもお母さんの作ったクリームドーナツを黙ってつまみ食いしている……本当は文句なんて言えない立場なのかもしれない。

マグロやサバには反応しないのに

釣りが大好きな私なのに、魚に対するアレルギー体質を持っている。そのため、魚を食べることができない。

それでも昔は魚を食べるのが好きだった。ところが、小学5年生のときに突然アレルギー反応を見せるようになったのだ。

病院に行って検査をしてもらったとき、医師からは「最近、何か変わったことはありませんでしたか?」と聞かれた。そのときに思い当たったのは、ペットショップに行き、リスザルのケージを見ていたときに指先を噛まれたことだった。どうやら毛細血管を噛まれたようで、かなりの出血があったのだ。

医師にその話をすると、「それや!」と言われた。サルはある特定の菌を持っていて、ヒトの体のなかにその菌が入ると、アレルギー体質にしてしまうケースがあるとのことだった。ペット用とはいえ、サルを侮ってはいけない。

ちょっとくらい大丈夫かなと思って魚を食べた結果、下痢をしたり、ジンマシンが出たり、息ができなくなったりと、これまでに何度か痛い思いをしてきた。

面白いのは、食べられる魚も若干あるということだ。

マグロやサバはなぜか食べられる。その一方で、ブリやヒラメ、アジは絶対に受け付けない。マレーシアで川魚を食べたら夜中にアレルギー反応が出て、死にそうになったこともあった。

おいしそうな魚を釣ったときは、めちゃくちゃ食べたいなと思う。

しかし、ほとんどのケースで、私はその魚を食べることができない。

同じシーフードでも、カニやタコは食べてもアレルギーは出ないところも不思議だなと思う。

どの魚がダメで、どの魚が大丈夫ということがはっきりとわからないので、結局は魚を食べるのを敬遠してしまうという状況だ。

釣りが大好きなのに釣った魚を食べられないというのは、稀なケースなのではないかといつも思う。

新型コロナ禍で発見したもの

YouTubeチャンネルでは、自分自身に「世界の怪魚を釣りまわる女」というキャッチフレーズを当てはめている。にもかかわらず、2020年から2021年の間は新型コロナウイルスの世界的蔓延のせいで、世界の怪魚を釣るための旅にまったく出ていない。

海外渡航が難しくなってきた当初は、視聴者を驚かせるような怪魚釣りができず、釣りの魅力を伝えられなくなるのではないかと焦っていた。何より、刺激的な怪魚釣りができないのはとても悲しくもあった。

このときに私が考えたのは、肩の力を抜いて近場で釣りをすることだった。そこで始めたのが、家からすぐの海や島、水路、川、野池での釣りだったのだ。

最初のうちは、「こんなんでいいんやろか?」という気持ちがあった。ところがいざ始めてみると、肩ひじ張らない普段の釣りを見せることができ、予想外に多くの方から反響をいただいた。

この状況に私は新たな可能性を感じた。

奇をてらって大きなことをする必要はなく、必死になって頑張ることもないのだ。自然体で楽しく釣りができれば、見ている人たちにも満足してもらえるという手ごたえを、私はここ1、2年で得ることができた。

もちろん、私が一番夢中になれるのは「怪魚釣り」である。

それには変わりはない。

釣りを始めて人生が変わった。今まで何かに興味を持ったこともなかった私がある日ひょんなことで始めた釣りが、今では生活の軸となってすべてを回している。釣りを通して出会った人たち、できた経験、新たに発見した自分、物事に対する価値観……。釣りがもたらしてくれたこれらすべてが私のかけがえのない財産になっている。

夢中になって泣いたり笑ったり、時には歯を食いしばるような悔しい思いもした。それでもともに戦う仲間がそばにいて、応援してくれる人もいる。そのおかげで味わったことのないような達成感を噛みしめられる。釣りというもののなかで私は生かされているのかもしれない。いい意味でも悪い意味でも、釣りによって人生を大きく狂わされた。それでも、何かに夢中になって狂ってしまうことはめちゃくちゃ気持ちがよく、また、それを受け止められた自分が大好きだ。

私の夢は世界中の怪魚を釣り尽くすこと。このコロナ禍が明けたら、私はまた世界中を旅し、釣り狂うことになるだろう。

マルコスが真の〝怪魚ハンター〟になる日はそう遠くない気がしている。

NIKE
AIR

おわりに

飽きっぽくて、何をしても途中で投げ出してしまう――。

自分は中途半端な人間だな、とつくづく痛感する。

「成功体験は自信につながる」というが、元来、移り気の激しい私は何かをやり遂げた経験も成功体験も持ち合わせていなかった。

そんな私でも、高校まではどうにかやり過ごすことができた。ところが、高校を卒業すると、自分の人間性を証明するかのような日々が待ち受けていたのだ。

高校卒業後に入学した専門学校を中退したあと、どうにか就職にまではこぎつけた。にもかかわらず、逃げるようにしてその会社を辞め、自己肯定感ゼロのまま、ニートとしてどん底をさまようことになる。

そんなどん底から抜け出させてくれたのが釣りだった。

マレーシア、アメリカ、カナダなどの国々に怪魚を釣りに出掛け、それらの土地の文化や考え方に触れていくうちに、それまでの自分の悩みが実に些細なものに思えてきた。

そんな経験をしているうちに、根拠のない自信がついていった。今では飽き性も強みの1つと思うほどだ。釣りに限らず、「本気でやればできないことなんてないんだ」という気持ちさえある。

釣りは私にとって〝救世主〟のような役割を果たし、いつでも新たな世界に導いていってくれる。

釣りが私を救ってくれたように、誰にとっても「救い」となるものが必ずある。もしも、かつての私と同じように悩んでいる人がいたら、夢中になれる何かを探してほしい。それはランニングかもしれないし、もしくは料理かもしれない。見つかるまでは大変かもしれないが、見つかったらがむしゃらにやってみてほしい。


私が釣り名人への道を極めるまでにはまだまだ長い時間が掛かるだろう。しかし、どん底の状態から何とか見つけた釣りにこれからも必死に食らいついていく。

いつか皆さんと何らかの名人への道で交差する日を楽しみにしつつ……。


最後に本書を読んでいただき、ありがとうございました。

また、動画を見てくださっている皆さん、いつも心より感謝しています。

おつまる。

STAFF CREDIT

デザイン　菊池 祐
カメラマン　澤村洋兵
撮影協力　橋本 勲（株式会社 glass）
ヘアメイク　KOMAKI
編集協力　野口孝行
校閲　鷗来堂
DTP　アーティザンカンパニー
編集　宮原大樹

マルコス

世界の怪魚を釣りまわる女。2019年、アマゾン川にて開催された国際釣りトーナメントに日本代表選手として選抜される。初代アマゾンクイーンアワード受賞。YouTubeチャンネル「マルコス 釣り名人への道」の登録者数は48万人を超えており、人気急上昇中。元々は会社員として働いていたが、ノイローゼになり、暇つぶしとして始めた釣りをきっかけに世界の怪魚を釣りまわるまでになる。

実録《じつろく》、世界《せかい》を釣《つ》る女《おんな》

2021年11月25日　初版発行

著者／マルコス

発行者／青柳　昌行

発行／株式会社KADOKAWA
〒102-8177　東京都千代田区富士見2-13-3
電話　0570-002-301（ナビダイヤル）

印刷所／大日本印刷株式会社

●お問い合わせ
https://www.kadokawa.co.jp/（「お問い合わせ」へお進みください）
※内容によっては、お答えできない場合があります。
※サポートは日本国内のみとさせていただきます。
※Japanese text only

定価はカバーに表示してあります。

ISBN 978-4-04-897142-3　C0095